潮州明清石门簪

《潮州文化丛书》编纂委员会　编

陈传佳　陈海泓　沈志辉　著

潮州文化丛书・第二辑

SPM 南方传媒 | 广东人民出版社
・广州・

图书在版编目（CIP）数据

潮州明清石门簪 / 陈传佳，陈海泓，沈志辉著. —广州：广东人民出版社，2022.10

（潮州文化丛书·第二辑）

ISBN 978-7-218-15749-8

Ⅰ. ①潮… Ⅱ. ①陈… ②陈… ③沈… Ⅲ. ①古建筑—建筑装饰—建筑艺术—研究—潮州—明清时代 Ⅳ. ①TU-092.2

中国版本图书馆CIP数据核字（2022）第066112号

封面题字：汪德龙

CHAOZHOU MING-QING SHIMENZAN

潮州明清石门簪

陈传佳 陈海泓 沈志辉 著

出 版 人：肖风华

出版统筹：卢雪华

责任编辑：廖智聪

封面设计：书窗设计工作室

版式设计：友间文化

责任技编：吴彦斌 周星奎

出版发行：广东人民出版社

地 址：广州市越秀区大沙头四马路10号（邮政编码：510199）

电 话：（020）85716809（总编室）

传 真：（020）83289585

网 址：http：//www.gdpph.com

印 刷：广州百思得彩印有限公司

开 本：787mm × 1092mm 1/16

印 张：18.5 字 数：170千

版 次：2022年10月第1版

印 次：2022年10月第1次印刷

定 价：96.00元

售书热线：020-85716833

《潮州文化丛书》编纂委员会

总序

坚定文化自信 打造文化强市建设标杆

文化是民族的血脉，是人民的精神家园。潮州是国家历史文化名城，是潮文化的发祥地。千百年来，这座古城一直是历代郡、州、路、府治所，是古代海上丝绸之路的重要节点，是世界潮人根祖地和精神家园。它文化底蕴深厚，历史遗存众多，民间艺术灿烂多姿，古城风貌保留完整，虽历经岁月变迁、沧海桑田，至今仍浓缩凝聚历朝文脉而未绝，特别是以潮州府城为中心的众多文化印记，诉说着潮州悠久的历史文化，刻录下潮州的发展变迁，彰显了潮州的文明进步。

灿烂的岁月，伴随着古城潮州进入一个新的历史发展时期。改革大潮使历史的航船驶向一个更加辉煌的时代。习近平总书记强调，中华优秀传统文化是中华文明的智慧结晶和精华所在，是中华民族的根和魂，是我们在世界文化激荡中站稳脚跟的根基。潮州市认真贯彻落实习近平总书记视察广东视察潮州重要讲话重要指示精神，深入领会习近平总书记关于潮州文化是“中华文化的重要支脉”重要讲话精神的丰富内涵，紧紧围绕举旗帜、聚民心、育新人、兴文化、展形象使命任务，传承精华，守正创新，推进“潮州文化源头探究”等关键性命题的考据，努力在彰显文化自信上走在前列，为在更高起点打造沿海经济带上的特色精品城市、把潮州建设得更加美丽、谱写现代化潮州新篇章提供强有力的文化支撑。

万物有所生，而独知守其根。2020年开始，在中共潮州市委、市政府的高度重视下，中共潮州市委宣传部启动编撰《潮州文化丛书》，对潮州文化进行一次全方位的梳理和归集，旨在以推出系列丛书的方式来记录潮州重要的历史、人物、事件、建筑和优秀民间文化，让潮州沉甸甸的历史文化得到更好的传承和弘扬。继2021年成功出版《潮州文化丛书·第一辑》之后，潮州市紧锣密鼓推动《潮州文化丛书·第二辑》编撰出版。学术大家、非遗传承人、工艺美术大师等各界人士纷纷响应，积极参与这一大型文化工程。《潮州文化丛书·第二辑》是贯彻落实习近平新时代中国特色社会主义思想、以丰硕文化成果迎接党的二十大胜利召开的一个有力践行，也是持续推进岭南文化“双创”工程，潮州市实施潮州文化大传播工程和大发展工程、全面提升文化兴盛水平、打造文化强市建设标杆的一个重要举措。

文化定义着城市的未来。编撰出版《潮州文化丛书》是一项长期的文化工程，对促进潮州经济、政治、社会、文化、生态文明建设具有积极的现实意义和深远的历史意义。作为一部集思想性、科学性、资料性、可读性为一体的“百科全书”，丛书内容涵括潮州工艺美术、潮商文化、宗教信仰、饮食文

化、经济金融、民俗文化、文学风采和名胜风光等，可谓荟萃众美，雅俗共赏。而在《潮州文化丛书·第二辑》中，既有饶宗颐这样的学术大家论说潮州文化，又有潮州城市名片——牌坊街的介绍，还有潮州文化的瑰宝——潮剧的展示。可以说，《潮州文化丛书》的出版，既是潮州作为历史文化名城的生动缩影，又是潮州对外展现城市形象最直观的窗口。

千古文化留遗韵，延续才情展新风。潮州历史文化底蕴深厚，文化资源禀赋是潮州经济社会发展最突出的优势。《潮州文化丛书》的编撰出版，是对潮州文化的系统总结和大展示大检阅，是对潮州文化研究和传统文化教育的重要探索和贡献，更彰显了以潮州文化为代表的岭南风韵和中国精神。希望丛书能引发全社会对文化潮州的了解和认同，以此充分发掘潮州优秀传统文化的历史意义和现实价值，以高度的文化自信和文化自觉，推动潮州优秀传统文化创造性转化、创新性发展，把潮州文化这一中华文化的重要支脉保护好、传承好、发展好，把潮州这座历史文化名城研究好、呵护好、建设好，打造中华优秀传统文化展示窗口和世界潮人精神家园，让人民群众在体验潮州文化的过程中深刻感悟中华文化和中国精神、增强中华民族共同体意识，为坚定文化自信作出潮州贡献。

编　者

2022年5月31日

目录

CHAPTER 1

第一章 概说

一 门簪在潮州的演化发展

潮州的建筑，历史悠久，种类齐全，是中华民族文化遗产不可缺少的组成部分。明清时期，潮州建筑很有地域特色，尤其是清代的潮州建筑，可以说是自成一派，其中的建筑构件不少潮味十分浓烈。石门簪是潮州建筑中的一个有机组成部分，是绘画、书法和雕刻相结合的艺术精品，具有深刻的文化内涵。它十分具有潮州特色，了解了它就能更好地了解潮州文化。

（一）潮州的历史沿革

晋以前，潮州属南海郡，东晋义熙九年（413年）设义安郡。隋开皇十一年（591年）改为潮州。明洪武二年（1369年）之后至清代称为潮州府。清乾隆三年（1738年）起，潮州共辖海阳、潮阳、揭阳、普宁、惠来、澄海、饶平、丰顺、大埔九县。现今的潮州市是广东省下辖地级市，管辖湘桥区、潮安区、枫溪区和饶平县。潮州位于韩江的中下游，东与福建省的诏安县、平和县交界，西与揭阳市的揭东区接壤，北连梅州市的丰顺县、大埔县，南临南海并通汕头市。本书所指的潮州是指现潮州市行政区域中除饶平县外的湘桥区、潮安区和枫溪区，总面积约1390平方公里，人口约170万人。

（二）潮州明清石门簪

潮州是一座具有浓郁现代气息的古城，在潮州的一些村落中，现在仍零星保存有宋元古屋残存的建筑构件，城乡中更较为完整地保存着众多的明清古屋，能够看到的石门簪更是比比皆是。明代设置的石门簪相比清代来说少了许多，就调查可见，在现存的明代老屋中，仍能见到大部分祠堂的圆形花卉石门簪，而民居大部分则没有石门簪。

明代与清代的石门簪，在形制和纹饰上可以说是两种完全不同的风格。明代石门簪的形制类圆形柱体（或台体），纹饰为花卉；而清代石门簪的形制为方形柱体（或台体），纹饰为文字，如图1-1和图1-2所示。潮州清代的祠堂几乎都设置了方形文字石门簪，民居设置方形文字石门簪的比例远没有祠堂的高。

图1-1　潮安区龙湖镇龙湖寨（明代）

图1-2　湘桥区义井巷（晚清）

潮州建筑自古就扬名神州大地，唐宋时潮州的建筑就获得了大文豪苏轼的赞誉，苏轼在《与吴子野书》中说：“岭外瓦屋始于宋广平，自尔延及支郡，而潮尤盛，鱼鳞鸟翼，信如张燕公之言也。”明清时期，潮州建筑已渐具自己的风格。“潮州厝，皇宫起”，这是流行在潮州的一句民谚，它道出了潮州建筑的风格和气派。潮州建筑富丽堂皇且具实用性，首先映入眼帘的门楼就很能体现这一特点。

门是建筑的脸面，是人们极力打扮装饰的重要位置。在门框上的门簪也称门当，古已有之，宋代李诫《营造法式》就有相关的论述。潮人慕魏晋士族，看重郡望和门第，因而在居宇的门面上下足了功夫，从门的大小、门槛的高低、门楼的宽窄以及相应的材料和装饰等都竭尽全力而为之。明清时期，潮州建筑大门上的石门簪就是很好的例证，尤其是清代的石门簪更有突出的表现。

清代方形文字石门簪在潮州十分普遍，如果把它连同整座建筑物一起来理解可能会更好。美轮美奂的祠堂或住宅不仅能满足建造者的需求，同样也能满足尚未有此行为的个人和人群的需求，这是一种“好脸”的需求，因而它就很容易地被人们接纳仿效。图1-3是建于清康熙四十五年（1706年）的潮安区彩塘镇华美村的一座祠堂的门楼。

潮人“好脸”应该是当时的一种普遍现象，在当今社会中我们仍可以捕捉到它的踪影。有关的心理学理论告诉我们，一个区域的人在一定的时段内有相对稳定的心理状况，我们是否可以这样推断，清代的潮人是“好脸”的，他们普遍使用方形文字石门簪这一事象可以作为一个强有力的事实论据。同时我们知道，许多重要的心理过程都是由其成长的文化所塑造的，也即是说，潮人的“好脸”是其社会文化长期熏陶的结果。同时建筑物的使用者为了维护自己的脸面，又会千

图1-3　潮安区彩塘镇华美村（清康熙四十五年）

方百计地鼓吹所谓的成功感受或经验，这也起了一定的促进作用。

门楼是建筑物的“门面”，潮州建筑的“门面”装饰性很强，很能体现潮人“好脸”的特性。在门楼中最重要的就是门，门在建筑“脸面”中更容易引人注目，古人说：“宅以门户为冠带”，由此说明门楼具有显示主人形象的作用。门由两扇板组成，《诗经·陈风》云：“衡门之下，可以栖迟。”门是房屋的外檐装饰，也可以是独立的建筑。门的四周是门框，也叫门阑；上横框叫楣；左右两侧各一直立框。潮人也将门框称作门斗，由石材构成的叫石门斗。横框上设置有门簪，原本门框在木结构时它具有实用功能和装饰功能，它主要对整扇门起稳固的作用，后来实用功能逐渐弱化，到了潮州人采用石材做门框，继续保留门簪这一制式，它就只剩下装饰功能了。具有装饰功能的石门簪与门匾、门楼肚构成潮州建筑堂皇精致的独特风格，给人美而不艳、华而不靡的美感。

（三）门簪在潮州的发展

簪是古人梳头打扮时在青丝高髻上插上的起固定和装饰作用的条状首饰，用木材、骨头、玉石、金属等制成，除了有不让头发散乱的实用性外，还有美化功能。门簪也有其双重功能，其一是将安装门扇上轴所用连楹固定在上槛，这是实用功能；其二是对门庭进行打扮美化，这是装饰功能。这种大门上方的凸出构件，由于类似发簪，人们就称之为门簪。门簪有两枚、四枚或更多，从实用性来说，门簪有两枚就足够了，至于四枚乃至更多则纯粹是为了装饰而已。后来它的实用功能丧失，只存下美观的装饰功能了。汉代时门簪已经出现，在宋辽时代门簪均为两枚，自金代以来有的增为四枚，可在潮州的石门簪都是两枚。

门簪的形制有正方形、长方形、菱形、六角形、八角形、圆形等，可在潮州的石门簪几乎只有圆形和方形，其他形制甚为少见。

门簪正面饰以图案文字，或彩绘，或雕刻。潮州的石门簪以雕刻为主，有的再施以色彩。

门簪有着悠久的历史和文化，承载着人们的民俗爱好和认识信仰，承载着工艺传承和艺术审美。作为汉民族建筑构件，尽管其形制、纹饰有所变化，在地域与地域之间又有所不同，可还是被一代又一代地传承下来。到了明代，潮州门框的材料大都从木材改为石材，随之门簪也就放弃了它的实用功能，而保留了装饰功能。采用石材作为门框这是由潮州所处的环境造成的，这可以从潮州的自然环境和社会条件中寻找到答案。潮州的自然地理环境对石门簪的使用、推广乃至延续起着决定性的作用，它是这项事象的物质基础，这也是潮人对自然的利用、征服所收获的成果。应该看出这是作为社会的人的创造结果，而并不是自然的直接赏赐，只是潮州这里的自然环境给这里的人们的创造提供了物质材料，并影响了潮州文化的发展趋向。所谓“一方水土养一方人”，在这里，就是潮州的地理环境影响了潮人文化。潮州的江山成全了石门簪，潮州绵延起伏的山丘盛产石材；潮州江河纵横交错，湖泊星罗棋布，水域为潮人提供了舟楫之便。也即是说，一枚小小的石门簪，我们却可以从某个角度或层面了解很多方面的信息，包括自然环境、社会环境、潮人心理等等。马克思主义认为，社会存在决定社会意识，石门簪这一民俗事象就是社会意识的载体，它对我们认识当时的潮州具有重要的意义。

二　潮州的各要素对门簪的演化发展起到了促进作用

（一）潮州的历史文化成全了石门簪

潮州历史上曾有过几次大规模的北人南迁，尤其是南宋和明代，大量南迁潮州的北人也把中原地区的建筑文化带进潮州，作为宅院中装点门面的门簪构件也自然落户潮州，继续发挥它的作用。

到了明清时期，潮州文人举子辈出，这些人回乡光宗耀祖建造祠堂府第，为显赫门第，门簪的采用也在所必然。

这样，门簪也就逐渐成为一种证明高贵身份、祈求祥瑞的符号，它终于成为潮人所共同接受的某一标志物，在历时性和空间分布上不断地传递、沿袭。

（二）潮州的地理环境决定只能采用石门簪

1. 南方气候条件对潮人沿用北方木门簪起了极大的限制作用

粤东地区属南亚热带季风气候，湿度较大，雨量充沛，年平均降水量在1300～2200毫米之间。长期处于这样的自然环境中，木质构件较容易腐朽，这就使潮人袭用北方门簪时最终摒弃其木质材料，改用石质材料。这是受自然环境影响所造成的。

2. 石材在潮州建筑中充当重要角色

在中国，石材很早就被用于建筑。到了明代，由于火药、工具的先进，石材被广泛利用成为可能。粤东地区的自然资源在一定程度上促使潮人采用石质门簪，潮人在放弃木门簪的同时，选择了石门簪，这不仅仅是气候的因素，大自然一方面限制了潮人的活动，另一方面又为满足潮人的需要提供物质。粤东地区花岗岩分布面积很广，在潮州山区存有量极大，如韩江平原西南部的桑浦山，海拔484米，是花岗岩高丘，山上的花岗岩为潮州建筑提供了大量的石材；这些石材质地坚实，纹理细腻，色泽多彩鲜丽，是制作门斗的最理想原料，因而潮人在采用石制门斗的同时也采用了石门簪。这从某个方面体现了潮人利用自然资源的能力。在潮州地域，先人与中原等地的先民一样，在生活、生产中很早就利用了岩石，在距今8000年以上的南澳象山考古遗址中，就发掘出细小的石器；唐代以后，潮人掌握了采石、开料等技术手段，能按照工程要求把巨型石块凿刻成建造需要的构件；

潮州溪河如网，水运发达，为石料的运输提供了极大方便。潮州地处亚热带，面朝太平洋，受海风及淫雨侵蚀，木材容易腐朽，而石材却能长存于世，因而在建筑上常被用于梁柱、门框、墙裙、台阶等；唐代潮州开元寺大雄宝殿周围的石栏杆及前面的石经幢至今仍焕发着古老的魅力；中古时的石板桥现在我们还在继续使用；古塔仍巍然屹立着。至于现今仍能看到的古代屋舍，可以说每一座都离不开岩石，且优质的石材为潮州建筑中工艺精致的石雕提供了物质保证。

3. 自然环境对石门簪纹饰的工艺起着微妙的作用

门簪的功能已从实用性转向装饰性。潮人沿用门簪时不仅把它从门的横楣之上移至门的横楣，还改变了纹饰的工艺。北方的门簪纹饰工艺主要为彩绘，也有雕刻；潮人的石门簪由于选择了石质材料，彩绘远不如雕刻的经久耐用，因而石门簪多采用雕刻工艺，或再外加彩绘。由此可见潮人的文化生活与潮人所居住的环境有直接的关联，换言之潮人的生活环境直接影响潮人的文化生活。

（三）潮州社会环境为石门簪的泛化发展提供了有利的外部条件

1. 社会经济富裕，潮人纷纷建造豪宅

自宋元以来，潮州社会经济后起直追中原，明代之后不像北方战火频仍，社会较为稳定，经济进入黄金发展阶段。潮州地处亚热带地区，四季分明，气候适宜，雨量充沛，韩江、榕江和练江贯穿境内，到明清时期形成了富饶的冲积平原，农业生产发达，手工业和商业也迅速发展，人民日益富庶，生活较为安定。到了清代，捐款买官之风盛行，富家豪户捐钱买官的日渐增多，为了显示其门户地位，也学官家建豪门，石门簪当然也就必不可少的了。

人民生活相对稳定，文化也随之更加繁荣昌盛。民众的主体意识觉醒，个性得到较大张扬，建宅追求美观，装饰门面，设置门簪不再局限于富家豪户，平民百姓也争相仿效，它已成为时尚之物，并进而成为一种习俗。

清初，清朝统治者为铲除反清势力，于1661年发布了“迁界令”，命令沿海居民内迁50里（1里＝500米）。清康熙元年（1662年）三月令广东沿海24个州县居民内迁50里；同年五月再令内迁30里；康熙二十三年（1684年）废止“迁界令”。清代海禁解除后，各乡村返回的民众纷纷修建荒废的宗庙祠堂和屋宇房舍，石门簪这一已带上强烈政治色彩的建筑装饰品更派上了用场。

2. 明清祠堂营造与潮州人文社会

明人郭春震主持编撰的明嘉靖《潮州府志》载：“明兴，文运弘开，士渐知明理学，风俗丕变，冠婚丧祭，多用文公家礼，故曰‘海滨邹鲁’。”祠堂不再是皇家诸侯的专属后，普通老百姓只要愿意就可拥有祠堂，这时潮人“营宫室必先祠堂。明宗法，继绝嗣，重祀田。比屋诗书弦诵之声相闻。彬彬乎！文物甲于岭表”。至明嘉靖时，潮州乡学蓬勃发展，民众道德教育水平有很大提高，这为以后潮州民众的文化素质和道德风尚奠定了厚实的基础。同时潮州在科举方面也颇有突出的表现。据今人潮学专家黄挺统计，自明正德元年（1506年）至明嘉靖三十年（1551年），潮州出进士45人，占广东进士总数187人的24.1%。嘉靖十一年（1532年）林大钦中文科状元，嘉靖二十三年（1544年）广东进士10人，潮州占了7人。另据学者统计，清代全国共考取进士26849人，其中广东进士共有965人，约占全国总人数的3.59%；潮州府共考取了145人，约占全省总人数的15.03%。当时广东省共领19个府、厅，潮州府的进士人数仅次于广州府，位居第二。从明清两代潮州的科举情况可见潮州人才济济，人文环境达到了优良的境界，丝毫也不弱于中原地区。

三　潮州清代石门簪的成功嬗变

明代圆形花卉石门簪到了清代演变为方形文字石门簪，其形制和纹饰截然不同，有天壤之别，如图1-4、1-5所示。下文就此稍作讨论。

（一）民俗的变化与发展

自古以来，中国人就有借助物象寄托趋避天灾人祸、渴求物质丰富的民俗，这是具有明显功利目的和价值取向的活动，它成为中华文化的一个组成部分。在中华传统文化中，“意象”和“言象”是一对平行而又互补的表情达意符号，它们深刻影响着传统文化的形成和发展。“意象具足”是汉民族普遍的审美要求，它反映了人们对大自然的某种依赖关系，把人们对自然物象的崇拜与敬祀可视化，以表达感激、满足之情，是对自然物象的崇拜。“言象”借助语言载体进行传播和传承，文字（汉字以象形为基础）在语言中起了不可替代的“言象”作用。社会制度和观念影响了社会成员的处事方式，从而体现了优良传统的传承，可人们的需求和意愿并不是永恒不变的，因而可理

图1-4　潮安区龙湖镇龙湖寨（明代）

图1-5　潮安区江东镇庄厝（清代）

解为石门簪圆形花卉形制嬗变为方形文字形制是一种应时的必然变化。

这种变化并不是孤立的，就建筑装饰而言，清代之后不管是木雕还是石雕均与明代有所不同，较为明显地表露出精致儒雅的特征。当然这与相应的社会环境变化相呼应着。

不管是明代圆形花卉石门簪还是清代方形文字石门簪，都渗透着潮人的“心态”，是明代心学家王阳明所说的“本心”的外露，是个人或群体在社会实践中所存在的社会主体的前认识和前实践状态。这种依托石门簪物象表达心理、性格、精神等价值取向的方式，对个人、家庭、宗族以至整个社会来说都产生了不可忽视的作用。

民俗学家乌丙安在《民俗学丛话》中说：“各种民俗都在自身的发展过程中，有不同程度的变化；不是注入新的内容，便是改变某些新的形式。这种变异性和传承性一样，都是民俗事象普遍的特征。”门簪这种模式自它出现之后就一直延续下来，尽管到了明代在潮州由木材改为石材，并丧失了实用功能，只剩下装饰功能，可仍然保持圆形制式，主要使用花卉图案；只是入清之后一改为方形制式，且使用文字纹饰。这种新的模式被迅速认可，并且扩散，成为潮人的习惯而传承下来。从清代方形文字石门簪这一民俗事象，我们可以很好地领会民俗文化的外部特征。

明末清初，社会动荡，中原地区的农耕文化与从北方而来的游牧经济发生碰撞，在这个冲突的过程中实现了融合。这对潮州文化的变化发展产生了深远的影响；中原文化仍是潮州地区的主宰，而富有地域特色的新潮州文化在这个时候更具备了突发的空间。

（二）石门簪的圆与方、花卉与文字

天道的运行，四时交替；对万物生长的理解，经过历代人们的不断重复、申引、沿用，自然界不少物象都有了特定含义。古人认为“天圆地方”，“圆”在传统文化中被作为一个重要的象征符号来对

待，并拓展了它本来的意义。《大戴礼记·曾子天圆》记载："天道之圆。"《易经》云："圆而神。""圆"被看作是"天道"，且被认为是"运而不穷"的神力。对"圆"的敬重就是对天的崇拜。"圆"是敬天思想的物化，如八月十五的一轮明月，"但愿人长久，千里共婵娟"，诉不尽的美好意境，给人以美好的感受；在此人们把人生经验和情感凝聚在月上，造就了"圆"更大的空间感和美的容量，"圆"有了更大的意义。

纹饰以花卉为主的明代圆形石门簪，从整体看其形制其实并不丰富，有不少还是一模一样的。这寄托了人们对大自然的崇敬之情，这种"象形取意"源于对大自然的亲切感，同时也保留了中华传统中有关花卉的吉祥意义，传统的"有图必有意，有意必吉祥"在这里得到了很好的体现，它是以自然界的物质形态为基础，加以概括超形而成的。不管是采用什么样式的花卉，都是运用了隐喻手法，是用象征的物象本身的物质属性和它的象征寓意构成的。从原始社会到农耕社会，植物给人类食用、取火、遮体、住宿等，给人以庇护，能让人更好地生存下来，人类认为它们是有意识有感觉的，因而对植物崇拜信仰，希望它们能给人类带来幸福。虽然这只是建立在人类原始思维的感知和想象基础上的，但实际上反映了人类对大自然的某种依赖关系。花卉一旦与人类的心理和愿望联系在一起，成为有价值的表现形式，也就超越了它原有的功能。这种物质与精神、主体与客体的交融，是人类对精神生活的寄托和追求，深受人们的喜爱；经过长时间的洗礼，终于成为某一群体的习俗。在潮人的心中，花卉已不仅仅是花卉了，它是潮人某种信念的凝结，是抽象意义的具象化，它已是吉祥、平安、兴旺的代表了，成了能表达潮人理想信念的特殊"语言"，即是有的学者所说的"副语言习俗"。随着时间的推移，隐喻的"隐"已逐渐明朗，其内涵被逐渐稳定并固化，更多的人接受并理解其内涵。同时也可以看出，这是人们对美的追求。圆形花卉用于建筑构件，从出土文物看，最初出现在秦汉时期，以瓦当构件用于房顶，作用是保护瓦片下面的木构件不直接受风吹雨打的侵蚀，同时还具有装饰功能，使屋檐看起来更加美观。在宋代，门簪已是不可缺少的建筑构件，它在屋门中起固定作用。到了明代，圆形花卉木门簪已普遍使用，特别是此时更增加了装饰功能，成为审美艺术，实用性与艺术性达到完美的和谐统一。

在潮州，由于门斗由木材改为石材，促使雕刻的技法也随之改变，石门簪失去了它作为建筑构件的实用性，而只剩下纯粹的装饰功能，石门簪趋向审美，因而更增强装饰技法的表现力。门簪的装饰内容继续保持原有的花卉类图案，如人们喜好的莲花、牡丹花等仍然是受欢迎并十分流行的题材。

《周易·系辞》："为道也屡迁，变动不居，周流六虚，上下无常，刚柔相易，不可为典要，唯变所适。"在漫长的历史进程中，每一具体的事象并不是一成不变的，而这种变有时大有时小，有时快有时慢，有的日益繁荣，有的日趋式微。那圆形花卉石门簪为什么会在短短的几十年内就被方形文字石门簪所替代呢？在短暂的几十年间，一种民俗事象被另一种民俗事象所替代，这在整个民俗文化的发展过程中是较为罕见的。每一种民俗文化事象的出现其实是整条历史长河中跳跃起来的一朵浪花，它具有某一时段的独特的形态特色，之后有的跌入激流之中迅速消亡，有的被定格下来并模式化了。这可以从主客体两个方面来探讨，笔者只略微一述。在以前，圆形花卉石门簪（也包括木门簪）取之于自然界花卉的纹饰，尽管已历史性地赋予了它美丽、太平之类的内涵，能满足潮人的信仰追求，可这种表现潮人信念的特殊语言毕竟还是图案，从文化的发展过程看，表达信念的图案向语言转化是一种必然。到了清初，改朝换代之后，这种花卉纹饰在不知不觉中已丧失了社会文化功能，快速退化，最后寿终正寝；自然而然，能满足潮人的具有新的审美功能的方形文字石门簪就应运而生了。这符合历史文化的发展规律。只是为什么石门簪由圆形花卉转化为方形文字发生在清初这一节点上？关于这个问题还是有讨论的必要，最起码还是应该说一下的。清代方形石门簪的文字内容体现了潮人在生产、生活中形成的价值观念、思想意识、道德情操、精神信仰、心理态势、审美情趣和民间习惯等文化特质，同时还受产生这种特质的文化环境所影响，最突出的是受到儒家思想的支配。儒家思想是被每一社会成员作为约束其行为的标准而共同遵守的，它给方形文字石门簪的普及带来了助推力。

只是在这里还有必要说一下，清初，明代圆形花卉石门簪并没有随着朝代的灭亡而消亡，而是嬗递异变，圆形变为方形，花卉变为文字，从中可以看到石门簪既传递着古老社会的回音，又与新朝代水乳交融。从这种文化现象中我们可以窥探潮人既有对传统文化的陈陈相因，又敢于突破老一套程式化，推陈出新。

清代方形石门簪，它由“圆”而“方”，由“天”而“地”，“地”即是芸芸众生的生活环境，是千千万万人参与其中的场所，是对安逸和谐社会的追求；“方”，“中直方正”，更接地气，更稳重。潮人直接喊出“吉祥如意”“长命富贵”，明明白白，淋漓痛快，有的内容看起来虽然俗气，可其中积淀着潮人在当时的生产方式下对改变自己命运的无奈，寄托了无限的希望。另外，由于文人的积极参与，石门簪文字纹饰自然而然地运用了中国传统经史子集典籍中的金言玉语，崇尚中庸的，提倡忠诚的，倡导孝悌的，要求做人规规矩矩的，注重人伦和谐的，敬重祖先圣人的。总之，在石门斗上出现了方形文字的门簪这种艺术形式，内容与儒家倡导的仁义礼智信极度吻合，且只采用两枚石门簪对称地设置在门的上横框两旁，从门的整体布局上看体现了儒家思想不偏不倚的中庸之道。它既简朴又繁复，既彰显又含蓄，淋漓尽致地体现了儒家的理学观念，魅力在于其文字内容秉承了传统文化中所倡导的儒家文化，为广大民众喜闻乐见，并得到了心灵上的呼应；同时它具有各种各样的文字形体，或刚劲、或纤婉，或简约、或繁复，具有引人注目的艺术效果。如果没有体现儒家理念的箴言，只是一般的文学诗句，也就突出不了门簪的教化功能，如果所有的文字千字一体，没有耐人寻味的审美功能，石门簪也就不会长久地存活于整个清代，且对现当代仍产生强有力的影响。在清代的200多年历史进程中，方形文字石门簪是在清初这个偶然而又是必然的节点上在潮式建筑上的新产物，身上存在着五千年中华文化基因，也凝聚着众多文人与工匠的集体智慧。清代石门簪当文字内容确定之后，就其工艺和工时而言，对模仿普及不构成障碍，所以它便迅速出现在潮式建筑的石门斗上。

（三）方形文字石门簪折射了潮州的社会心理

方形文字石门簪折射了潮州的社会心理，原因有二：其一，潮人"善变"。潮人的"善变"促使文人把圆形花卉石门簪转变为方形文字石门簪；潮州民众的"善变"使之快速被认可、接受；不管是文人墨客还是普通民众，其"善变"的性格成全了方形文字石门簪的使用和流行。其二，明清之际朝代更迭，促使方形文字石门簪扩散流行的速度加快。一旦风行起来，就迅速遍及潮州的各个角落、各个阶层的家庭，人们群起应之，趋之若骛。由此也反映了潮人追求新异的社会心理。

在建筑物上使用文字装饰，自古有之，在明清，祠堂的题额、堂联、门楼肚等，文字墨迹比比皆是。清代石门簪继承了这一传统并加以弘扬，大大扩展了这种装饰形式，以不同字体的文字为装饰，这不仅丰富了石门簪的装饰题材，而且密切了建筑与中国传统文化的关系，提高了建筑艺术的文化品位。文字纹饰石门簪反映了清代潮人的价值观、审美观，同时也反映了当时的金石学对建筑装饰的影响。它是传统与现实、物质生活与精神生活、人与人（群体）意愿的沟通，沉积了远古社会的丰富信息，也表现出当时社会的伦理观念和价值取向，从中我们可以了解到潮人是怎样生活过来，又将怎样生活下去。

（四）潮州文人参与了方形文字石门簪的创作工作

说到方形文字石门簪，则一定要谈及清初的潮州文人。这时的潮州文人墨客可以说承接晚明，颇近两宋趣味，引领了文化消费潮流。

清代方形文字石门簪已经脱尽明代圆形花卉石门簪粗野土气的外衣，展现给人的是文质彬彬的形象；它的“文”从历史上的艺术品中能够追寻到它的发展脉络。从调查到的清代石门簪资料可以看出，清代石门簪形制是由传统的瓦当和印玺演化而来的，两者之间存在着血缘关系。

只是谁是第一个把这种艺术形式运用到石门簪上现在已无从考证，只可推测，他必定是一个文人，是一个善于治印的文人，尽管他只是把印玺的模式移植到石门簪上，但也是跨界运作的创举。如果说第一个设计方形文字石门簪的文人的行为是有意识的理性行为，那可能是错的，可能他是经过内心痛苦的极力挣扎之后从某种程度上说从个人的好恶出发，再加主观的潜意识作用而施行的。同时还应该认识到，这不是一个没有文化而只单凭手艺赚钱的工匠所能设计出来的。文人具有较高的文化水平，涉猎的领域宽广，信息渠道多且畅达，又十分自信，因而有能力完成这样的创变。方形文字石门簪的制作把同一文化背景中的潮人，包括文人和工匠捆绑在一起，这使之与以往的圆形花卉形式分离并更新，它先圆方结合，物象文字并存，既新又旧，亦旧亦新，可以说十分成功，非常容易得到潮人的认可。实践这种形式的人数不断增多，进而又被其他的个人或团体所接纳模仿。笔者认为，这在很大程度上是依赖潮人的习惯方式的，它也反映了社会总是处于不断适应和变化的过程中的规律。石门簪从诞生至今已400多年，已成为经典之作，成为潮人遵循的民俗，让潮人迷恋经久。

但应清楚一点，在清代的潮州并不是所有的房屋都使用方形文字石门簪，除了新式的骑楼，民间建筑中的石门斗还是有相当部分并没有设置方形文字石门簪装饰的。

（五）方形文字石门簪工艺有精粗之分

自方形文字石门簪取代圆形花卉石门簪后，它的形制就基本定型了，在后来的几百年时间里，只是细节、精粗有所不同而已。

细节方面的不同主要体现在边框、字体、线条等上。

至于精粗的不同，主要表现在如下几个方面：其一，越往后越粗糙，有“今不如昔”之嫌。从有纪年的石门簪看，清前期、中后期、晚清三个阶段石门簪精粗的不同程度还是很明显的。清前期康雍乾三代是清代方形文字石门簪的黄金时代，是石门簪艺术的顶峰。这跟这时代其他方面的艺术形式尽显“奇技淫巧”是相一致的。石门簪到了清中后期就开始走下坡路了，其观赏性越往后越不行，到了晚清整体已大不如前。其二，山区、半山区不如平原地区精致。其三，韩江东片没有韩江西片精致。其四，经济条件好的地区比较精致。其五，文人、工匠水平的高低直接影响石门簪艺术水平的高低。可以推测，清初的石门簪大多是原创的，倾注了人们的心血，因而石门簪具有很高的艺术水平，而后来的石门簪则是模仿甚至是照搬，这就势必造成呆板生硬、粗糙马虎的结果。前三个方面形成的根本应该说是经济的问题，国力的衰弱、民生的萎靡势必导致工力的不足等。

（六）方形文字石门簪具有社会化、本土化特色

在现实社会中，个体的需求、意念、兴趣、信仰、思维等都或多或少地影响着他人（个人或群体），这就产生了相互交流的活动，形成一种不可分割的社会关系；这必然产生行为性感染，即某一行为从个人传向个人，进而出现模仿和遵从，社会行为趋向整体化。

清初石门簪演化成方形文字形制，可以说这才是真正意义上的潮州本土文化特色。这并不是潮州文化发展的个别特例，往横的层面看，潮州文化中有不少艺术形式是在清初才形成有别于他处的文化特色的。

（七）石门簪的成功嬗变符合民俗事象的发展规律

为什么清初石门簪从圆形花卉变方形文字会那么迅速？还是要再谈一下这个问题，一种新的民俗事象要能成为社会时尚，这都有它的生成原因。在社会里总是充斥着各种各样的矛盾，这些矛盾相互渗透，相互制约，表现在人们的日常生活之中，表现出世态民风的趋向。一种民俗事象成为生活时尚，人们的物质生活是其发展基础，也是人们的思想意识的必然反映。在等级森严的封建社会，礼教礼制成为社会秩序，一个社会人（或群体）是按照自己的等级身份过相应的生活的，以此保持尊卑贵贱不可逾越的道德信条，石门簪的文字内容能满足这方面的要求；礼制也使方形文字石门簪的形制有了一定的规格，有较为严格的区分。由于社会进一步发展，人们的生活欲望也随之膨胀，因而不可阻挡地冲破老一套的刻板方式。清初社会人动荡，潮人的思想波动大、速度快，石门簪形制由圆变方，纹饰由花卉变文字成为人们的心理趋向。这种变化是民俗文化的变化，也是传统心理的变化，因而在潮州，方形文字石门簪不可避免地快速流行并形成习惯。从这里我们也可以了解到当时的潮人社会心理：其一，方形文字石门簪的主导者具有一定的权威，可能为宗族的族长、长老或达官贵人，在宗族或本地具有较高的政治、经济地位，对其所倡导的东西人们会信奉不疑。如若一个人把其他人的反应作为衡量对错的可信性标准，就会加入这一队伍，公众信奉的人多了，从众效应就更加明显。其二，文人所创作的文字内容与个体的意愿契合，因而一拍即合并积极推动。其三，民俗事象从一点向另一点或某个面扩散，还涉及群体的心理问题。例如，居住在同一乡村的人具有共同的地缘关系心理，在这样的社会文化背景中流行显得较为容易。这也反映了潮人的合群心理，潮人在面对某一个新的民俗事象时，有时自己并没有多少选择的余地，即使自己在心理、感情并不接受，可面对他人的行为，若已成为社群与集体的共同召唤，就再也没有丝毫的犹豫，而是把自己"交"了出去，以达到"和合"状态。

此外，为什么方形文字石门簪发展起来之后圆形花卉石门簪就几乎销声匿迹了？这有多方面的原因，在此只谈一点：潮人善于学习，善于吸收，一朝学成，成为自己的东西，觉得有无限的长处，就非常专注，难以被他物所改变，在这方面更难容他物与自己创新的东西并存，喜新厌旧，因而圆形花卉石门簪就不再是潮人的所好了。从现存获得的资料看，方形文字石门簪替代圆形花卉石门簪还是有一个较慢变化的过渡期的，并不是一蹴而就的，变化速度很慢，其形制为：圆形—方圆形—方形，其纹饰为：花卉—文字+物象—文字。但随着时间的推移，这种变化速度加快，这个过程大概只花了50年的时间。

从这我们不难看到，尽管人们已对以前的东西不满意，并尽力要去改变它，可又不自然地保持着与过去的某些联系，这就使石门簪的形制和纹饰有一个新旧的交融期，从中可以看到当时的人在变革中流露出来的危机感，它一步步推进，在渐变中完成新形制纹饰石门簪的固化，这应该说还是符合人类社会中总的趋势是维持稳定的规律。

（八）方形文字石门簪流行于整个清代

为什么方形文字石门簪能够在整个清代都被潮人使用呢？方形文字石门簪在潮州从清初开始流行，并一直影响到现当代，从中可以看到：其一，潮人、潮人社会骨子里对民俗习惯、文化传统的依赖、维持和继承。一个人从婴孩到成为一个社会人，都处在强大的传统之中并受其制约，在成长发展中自觉或不自觉地保存了群体的传统。其二，离不开潮人的社会背景。在清代，潮州处于“省尾国角”，政治、经济、文化相对稳定，这为方形文字石门簪的长期使用提供了有利的外部条件；特别是物质经济方面，清三代实行招民复业、兴修水利和蠲免赋税的政策，耕地面积增加，耕作水平提高，农业丰收，同时商业、手工业发达。其三，方形石门簪的文字内容是潮人所崇尚信仰的，潮人的意识形态、价值趋向、审美功能相对稳定。当然也能看到清代潮州社会的封闭性和历史惰性。其四，潮人觉得方形文字石门簪就像官印，一对官印悬挂在大门之上有很好的彩头，单就其形制而言就足以寄托心中的理想：官爵加身，大权在握，光耀门楣。

在清代200多年中，石门簪并不是一成不变的，在不同阶段它的内容、形制和工艺还是有所变化的，只不过总是在方形中没有太大的突破。其文字在不同的阶段也不一样，但表达的主题都离不开儒家文化。从这又可以看到潮人头脑中的意识定式，方形石门簪的文字内容已在潮人的社会生活中成为习惯，经过反复的刺激、固化，从而传承、延续，形成了民俗心理定式。习惯的形成有一定的随意性，大多属于经验积累，它的扩散，是基于潮人对其内容的经验判断和理解，从中也可以看到潮人的思维活动。在这一过程中，文人继续发挥作用，他们仍然积极参与其中，并加强舆论导向，以此影响一般民众的情绪，使潮人对原有的内容深信不疑，从而相沿成俗，历久不休。至于形制和工艺，通过比较还是可以看出在不同的阶段是有变化的。

潮学专家黄挺在《潮汕文化源流》一书中指出：“宋元时期闽文化的西渐是潮汕文化的重要环节。”到了明代，包括生产、生活、贸易、建筑、艺术等的潮州文化逐渐有了自己的特点；入清之后，潮人的语言、心态、思想以至生活行为等形成了有别于他地的特点。方形文字石门簪可为此提供有力的例证。潮州文化的以中原文化为主体意味着它并不是对中原文化所有的行为和信念都加以采纳，只是在长期的发展过程中发生了此消彼长的变化。

CHAPTER 2

第二章 潮州明代圆形花卉石门簪

潮人的祖先大多是北人南下，他们把中原地区先人早已使用的门簪也沿用到潮派建筑上，宋代以前的门簪已无从看到，在现存的明代建筑或建筑残件中只能见到一些石门簪和极少量的木门簪。明中叶，朝廷允许平民百姓建造祠堂，祭拜先祖，潮州民间各姓随之修建了祠堂。只是此时石门簪的形制纹饰与后来清代的大不相同。

潮州明代门簪与其他地方一样，形制大多是圆的或类圆的台体或柱体，数量为两枚（其他地方有四枚甚至更多的），纹饰相同，位于门斗的横楣上；由于南方多雨且石材容易找，门斗多用石材，因而也就以石门簪居多。

由于明代距离现在相对而言较为遥远，再加上清初的海禁等原因，能够留下来的石门簪寥若晨星，更不要说考究它的建造年代了，因此能知道明确纪年的明代石门簪少得可怜，在调查中，笔者只收集到两对有明确纪年为明嘉靖年间的石门簪（见图2-5、2-6）和一对明确纪年为明万历年间的石门簪（图2-7）。

图2-1　北京胡同（明代）

图2-2　湖南江永县上甘棠村（明代）

图2-3　福建连江县马鼻玉井村（明代）

图2-4　广东潮安区庵埠镇开濠村（明代）

图2-5　潮安区彩塘镇华美村（明嘉靖四十二年）

图2-6　潮安区金石镇仙都村（明嘉靖年间）

图2-7　潮安区庵埠镇宝陇村（明万历二十五年）

一　石门簪形制

（一）石门簪大小高低不等

石门斗的横楣大都靠门里凿去一部分石材，横楣迎面成高低两坎，门簪一般处于错落偏下部分；台体或柱体最高的11厘米，最低的3厘米；门簪靠中偏离了立柱，一般距离立柱15厘米左右，明初有些较靠近立柱，明中期以后较少见；距离立柱最近的是8厘米，最远的是20厘米。

（二）形制几乎是类圆（花瓣形）的台体或柱体

门簪直径多在12～16厘米之间，也有直径较大的，例如，潮安区古巷镇象埔寨的一对莲花纹饰的石门簪，其直径21.3厘米，高8.8厘米

（图2-8）；潮安区古巷镇象埔寨的一对莲花纹饰石门簪，其直径22厘米，高6厘米（图2-9）；潮安区彩塘镇仙乐村的一对莲花纹饰石门簪，其直径22.5厘米（图2-10）。

正如上文所提到的，明代石门斗也有不加置门簪的，尤其是民居。明初，石门簪还未普及，有官职地位的府第并不都设置石门簪，到了后期也是如此，明嘉靖年间高中文状元的林大钦府邸的石门框上就没有设置门簪，现在看到的只是一个孤零零的石门斗，不见石门簪或其他门斗装饰（图2-11）。

明代石门斗用材还不甚讲究，制作也较为粗糙，特别是明初。相比之下，庙宇宗祠的用材比民居要讲究些。同时，明初的石门簪也不如后期的精细。

图2-8　潮安区古巷镇象埔寨

图2-9　潮安区古巷镇象埔寨

图2-10　潮安区彩塘镇仙乐村

图2-11　潮安区金石镇仙都村（明嘉靖年间）

二 石门簪纹饰

明代石门簪的纹饰大多是莲花、梅花、牡丹花、灵芝等图案，也有少量的几何图案或其他图案。

就笔者调查所掌握的资料看，石门簪多为圆形花卉形制，类型数量分布情况如表2-1所示：

表2-1 潮州明代圆形花卉石门簪纹饰统计表

序号	纹饰	数量
1	莲花	76
2	梅花	23
3	灵芝（又称如意、祥云）	16
4	牡丹花	22
5	合计	137

在潮州的明代石门簪中，莲花、梅花、牡丹花、灵芝等吉祥图案出现的频率极高，这有其历史渊源和文化渊源，并非偶然现象。它们作为表示吉祥的纹饰被应用于门上，有的大约出现在汉代之前，从现在可看到的汉代的墓门上就能一睹其形相。

（1）莲花。莲花又称荷花，“莲”与“连续”的“连”同音，寓有传宗接代之意，寓意家庭生生不息，连续发展。“荷”谐“和谐”的“和”音，暗喻夫妻、家庭关系和睦美满，甚至可看作是一个家族、氏族、社会、人与自然的和谐。同时莲花还象征着繁荣、祥瑞、福祉、健康、长寿、荣耀等。

（2）梅花。小乔木或灌木，一般冬春开花，5月至6月结果。梅花花瓣五枚，也有重瓣的；有白、红、黄、紫、青等多种颜色，色彩斑斓；有香气；花、叶、根、种仁等均可入药。梅花是中华民族的精神象征，象征着坚韧不拔、自强不息的精神品质；梅花是“岁寒三友”之一，自古以来文人及老百姓对其赞赏有加，宋代王安石《梅花》：“墙角数枝梅，凌寒独自开。遥知不是雪，为有暗香来。”赞美了梅花高贵的品格和顽强的生命力。梅花五瓣象征五福，是老百姓喜爱的植物，其艺术形象经常被用于日常生活之中。

（3）灵芝。灵芝全名灵芝草，在我国第一部药物专著《神农本草经》里就记载着它的药用价值；神话故事《白蛇传》中白娘子的儿子经过千辛万苦盗取仙草灵芝救活父亲许仙的故事在民间家喻户晓。灵芝成了老百姓心中的吉祥之物，并赋予它“长寿福禄”“吉祥如意”等美好寓意。

（4）牡丹花。牡丹花别名木芍药，根可入药；南北朝时已经成为观赏植物，唐代时更是长安的“国色天香”，四五月开花，花朵硕大，五颜六色，奇丽无比，唐代白居易诗曰：“花开花落二十日，一城之人皆若狂。”“洛阳牡丹甲天下”盛传已久，常是文人墨客讴歌赞美的艺术形象，也是老百姓喜欢的植物，人们赋予了它富贵、昌盛等象征意义。

从上面所列举的几种常见纹饰植物的简单解释可见，它们都有悠久的历史文化渊源，这些图案纹饰“以物象事”，用变化的形态、比喻的表达方式走进了石门簪。可以说，这是自然与文化的叠加，感性与理性的组合，它们几乎都与古人的崇拜、俗信紧密联系在一起。

根据心理传承的稳定性，可以看出石门簪图案纹饰的意象形成所承载的意义内容具有相当的稳定性，仍保留了许多原始的意义。不过，在潮人明代石门簪中，这些融合着祖先认识、心理世界以及儒释道思想原始或较原始的表达方式进一步世俗化了，同时，它们把百姓的崇拜信仰进一步现实化，石门簪图案纹饰既保存了原始或较原始的内质，也注入了人们的情感、意志、理想和愿望，是一种实实在在的现实意识和现实精神的体现，还是一种实实在在的精神上的自我安慰的体现。这种崇拜憧憬是俗信的进一步功利化。

由于这些图案纹饰从某一角度遵从祖先的认识和传统的崇拜精神，笼罩着一道神圣的光环，具有特定的色彩，显得合情合理，因而在明代石门簪上得到广泛采用，并为以后清代石门簪的更加风靡普及奠定了厚实的基础。

为什么明代潮人多用花卉作为石门簪的图案而少用甚至不运用其他种类，如日月星辰、珍禽瑞兽等？这有多方面的原因：其一，与潮州的农业生产有关。花卉纹饰在潮州明代石门簪中的运用，种类的众与寡与此地的地域气候所造成的植物多与少不无关系；毕竟在南方的粤东地区，莲花是常见的，被更多地运用于石门簪是理所当然的。自古以来，民间就喜爱这类植物，因为它们在很大程度上影响着人们的生活和生存，反映了人类对大自然的某种依赖关系；人们在收获植物之后也收获了幸福感，认为它们具有强大的意志和意识，具有比人类更强大的神秘力量，因而将其神化起来。其二，是中原民俗信仰的遗存。潮州古时地属闽越，处于亚热带气候，水量充沛，河流众多，民众敬祀龙蛇，清人张士琏《海阳国志》：“潮州人神宫皆作蛇像。”文学泰斗饶宗颐《安济王考》：“潮安之安济王庙，跨南堤，当韩江之滨，临水为庙。疑昔时此庙本祀水神，故名安济。如梅州安济王行祠者，其后别祀王伉乃安济王之旧名耳。此庙亦名青龙古庙，潮人所谓青龙，实指青蛇。吴震方《岭南杂记》：‘潮州有蛇神……’……”但是，在明代，潮州的石门簪没有以龙蛇为图案的，而是以莲花等植物为图案，这可看作是潮州的本土文化被中原文化战胜的结果，由此也可以看到中原文化明代时在潮州这一区域的强势，盛开于中原的牡丹花也被雕刻在潮州的石门簪上也是这种说法得以成立的一个强力佐证。同时，在潮人选择不同的花卉作为图案这件事上还可以了解潮人的功利目的和包容性，张家是莲花，李家选牡丹花，而陈家用的是梅花——这是潮人为满足自己生存和发展的需要，特别

图2-12　汕头市澄海区广益街道内陇村

是心理需要而形成的文化现象。笔者尚没有发现其他类型的圆形石门簪，但据悉还是有少许存在的，图2-12为笔者友人提供的一幅拍摄于汕头澄海的圆形麒麟纹饰石门簪照片。

石门簪的图案一般是先画图后雕刻，图案可以是某文人先画好的稿子复写在石材上的，也可以是工匠直接在石材上描绘出来的。图案在某一时代流行使用，从图2-8、图2-9和图2-10就可以看出莲花的不同表现形态。从这也可看出图案使用的“稳中变”和“变中稳”，当然石匠雕刻技艺的高低和创造性也从中表现了出来。

三　石门簪纹饰赏析

（一）莲花

莲花，又称荷花，宋人周敦颐赞其“出淤泥而不染，濯清涟而不妖”，自古寓有圣洁的意思。莲花是潮州明代石门簪采用最多的纹样，在石门簪上它只是一个表征，内涵丰富，反映了中华民族的直觉思维模式。莲花作为纹饰最早出现在春秋时期，它被广泛使用与佛教盛行于中国民间有关，自佛教传入中国后，莲花便作为佛教标志，代表“净土”，

图2-13　莲花

象征“纯洁”，寓意“吉祥”。到了六朝时期，由于佛教盛行，其纹饰图案更多地被运用于建筑构件和瓷器上。莲花寄托了人们对未来美好吉祥的憧憬，出淤泥而不染，具有高洁、神圣之意。莲花纹饰在石门簪上广泛使用，更大意义在于取其吉祥的含义，有“年年有余”“连生贵子”等寓意。

图2-14　莲花瓦当（汉代）

本书就调查所获得的潮州明代圆形莲花纹饰石门簪一共有76对，分布情况如表2-2所示：

表2-2　潮州明代圆形莲花纹饰石门簪分布一览表

序号	地点	序号	地点
1	潮安区东凤镇昆江村	17	潮安区浮洋镇云路村
2	潮安区东凤镇昆江村	18	潮安区浮洋镇云路村
3	潮安区东凤镇昆江村	19	潮安区浮洋镇高义村
4	潮安区东凤镇下张村	20	潮安区古巷镇象埔寨
5	潮安区东凤镇下张村	21	潮安区古巷镇象埔寨
6	潮安区东凤镇博士村	22	潮安区古巷镇象埔寨
7	潮安区东凤镇博士村	23	潮安区古巷镇绕埔寨
8	潮安区东凤镇礼阳郑村	24	潮安区沙溪镇浦边村
9	潮安区东凤镇仙桥村	25	潮安区沙溪镇浦边村
10	潮安区东凤镇陇美村	26	潮安区沙溪镇沙二村
11	潮安区浮洋镇大吴村	27	潮安区庵埠镇外文村
12	潮安区浮洋镇高义村	28	潮安区庵埠镇外文村
13	潮安区浮洋镇新安村	29	潮安区庵埠镇外文村
14	潮安区浮洋镇徐陇村	30	潮安区庵埠镇外文村
15	潮安区浮洋镇徐陇村	31	潮安区庵埠镇外文村
16	潮安区浮洋镇徐陇村	32	潮安区庵埠镇外文村

（续表）

序号	地点	序号	地点
33	潮安区庵埠镇官路村	55	潮安区庵埠镇开濠村
34	潮安区庵埠镇官路村	56	潮安区庵埠镇宝陇村
35	潮安区庵埠镇官路村	57	潮安区庵埠镇梅溪村
36	潮安区庵埠镇官路村	58	潮安区龙湖镇龙湖寨
37	潮安区庵埠镇官里村	59	潮安区龙湖镇龙湖寨
38	潮安区庵埠镇官里村	60	潮安区龙湖镇龙湖寨
39	潮安区庵埠镇凤岐村	61	潮安区龙湖镇龙湖寨
40	潮安区庵埠镇凤岐村	62	潮安区龙湖镇龙湖寨
41	潮安区庵埠镇外文村	63	潮安区金石镇仙都村
42	潮安区庵埠镇外文村	64	潮安区金石镇仙都村
43	潮安区庵埠镇外文村	65	潮安区彩塘镇直街
44	潮安区庵埠镇外文村	66	潮安区彩塘镇市中村
45	潮安区庵埠镇外文村	67	潮安区彩塘镇市中村
46	潮安区庵埠镇官路村	68	潮安区彩塘镇林迈村
47	潮安区庵埠镇官路村	69	潮安区彩塘镇仙乐村
48	潮安区庵埠镇官路村	70	潮安区彩塘镇仙乐村
49	潮安区庵埠镇官路村	71	潮安区彩塘镇林迈村
50	潮安区庵埠镇凤岐村	72	潮安区彩塘镇华美村
51	潮安区庵埠镇凤岐村	73	潮安区彩塘镇华美村
52	潮安区庵埠镇开濠村	74	湘桥区下东平路
53	潮安区庵埠镇开濠村	75	湘桥区下东平路
54	潮安区庵埠镇开濠村	76	湘桥区磷溪镇仙田村

从掌握的76对莲花石门簪中，通过比对，剔除相同或相似的图案，共获得17种款式，如下：

图2-15采用剔地技法凸起阳纹，菊花柱形座，图案为仰形，中心为花托，花瓣六片，呈三角形，花瓣与花

图2-15　潮安区东凤镇昆江村

瓣中间引出六条弧线为叶脉，成漩涡状，与菊花形小弧边连接，整体成荷叶状。

图2-16以荷叶为底，与菊花柱形座相叠，荷花为侧视图，采用剔地阳起凸雕技法，以弧阳线为荷叶叶脉和叶边，荷叶中间为荷花，花托上端圆满，下端收尖，五片橄榄形花瓣为主图案，另有四片只露尖花瓣。

图2-17采用凹凸雕相结合技法，以荷叶衬底，与菊花柱形座等大，边高，凿深凸起荷花，花瓣五片连成一体，中间的花托刻雕刻简单阴线，在花周边凿了几条阳线以示叶脉。

图2-18采用凹凸雕相结合技法，以荷叶作底，与菊花台形相叠，刻画荷花盛开形状，花瓣凸起后加上阴线，另用几条阳曲线作叶脉。

图2-19以凹雕凸起技法刻画，荷叶为底，覆盖于菊花柱形座上，采用斜雕刀法突出荷叶的立体感，中间荷花花托呈凸起圆顶状，六片花瓣成半椭圆形。

图2-16　潮安区古巷镇象埔寨

图2-17　潮安区东凤镇鲲江村

图2-18　潮安区浮洋镇徐陇村

图2-19　潮安区浮洋镇云路村

图2-20利用凹凸技法突出荷花的立体感，菊花柱形，边高里深，荷花突出，为半仰状，花托稍高，花瓣连为两大片，花下边以阳线装饰为水纹，上边以斜刀凿出荷叶形状。

图2-21采用凸雕、斜刀加阴线技法，以荷叶为底，覆盖在菊花柱形座上，用斜刀刻出高低，再加上阴弧线旋纹，中间只有圆顶花托，其间刻了三条阴弧线，花托外有一个粗阳线圆圈，分为6段，表示俯视的六片花瓣。

图2-22采用脱石浮雕技法，把荷花周边石料凿掉，为一个圆包状，呈含苞待放状，衬底为荷叶，用斜刀刻出，成旋纹状，与菊花柱形座同形。

图2-23为菊花柱形座，采用斜刻技法雕出荷叶作为衬底，中间荷花的花托脱石以凸起，成圆包形，中间再饰以三条阴弧线，花托周边有八片花瓣，以凹雕脱石斜刻凸起。

图2-20　潮安区古巷镇象埔寨

图2-21　潮安区沙溪镇二村

图2-22　潮安区沙溪镇沙一村

图2-23　潮安区龙湖镇龙湖寨

图2-24为菊花柱形座，采用脱石剔地技法凿出一圈地子，宽边以示荷叶底子，中间一个微凸的小圆为花托，用斜刀刻出六片花瓣，外边又有一圈似分又连的粗阳线，也是花瓣，此花重瓣特征明显。

图2-25主要采用斜刻技法，菊花柱形座中间的花托为一个小圆包，外边以斜刀刻出众多花瓣，外围以同样的技法刻出荷叶，都是旋纹形式。

图2-26采用浮雕技法，在菊花柱形座上以弧阳线刻出荷叶的叶脉，中间为盛开的荷花，花瓣都是底尖顶圆，看起来富有立体感。

图2-27采用脱石凹底浮雕技法，在菊花柱形座上以斜刀刻出旋纹荷叶，中间的荷花如若蒙古包的拱顶，含苞待放，花托稍凿低并刻以阴线，花瓣以斜刀刻出，一瓣压着一瓣，显得十分饱满。

图2-28采用浮雕加阴刻技法，整个菊花柱形座就是一朵荷花，重瓣，分三层，中心为小圆包状花托，第一层六片花瓣，顶端半圆形，

图2-24　潮安区庵埠镇官里村

图2-25　潮安区彩塘镇林迈村

图2-26　潮安区彩塘镇市中村

图2-27　潮安区龙湖镇龙湖村

花瓣以阴线划开，并施以斜刀突出立体感；其外刻出较粗阴线，为第二层，然后再以阴线雕刻每一片花瓣，较为简单；外围再以粗阴线隔开，形成第三层，花瓣也用阴线刻画，成旋纹线条。

图2-29以斜刀雕刻技法为主，中心是花托，上刻几条阴弧线，外边有六片花瓣，花瓣成椭圆形；用斜刀刻出较长弧线，成旋纹状，以示叶脉，荷叶叠在菊花柱形座上。

图2-30采用浮雕、斜刀加阴线雕刻技法，菊花柱形座的中心是圆包状花托，上刻几条阴弧线，外边刻了八片花瓣，以斜刀突出其立体感；外围是衬底，用深阴线旋纹表现荷叶的叶脉。

图2-31采用浮雕、阴刻技法，菊花柱形座的中心为略凸圆包形的将开荷花，略脱石剔地并以阴刻雕出一个小圆为花托，花瓣成旋纹状；外围为荷叶，用旋纹刻出叶脉。

菊花柱形座为主，荷花大

图2-28　潮安区东凤镇博士村

图2-29　潮安区东凤镇凤美村

图2-30　湘桥区下东平路

图2-31　潮安区东凤镇博士村

都为仰视形式，以荷叶衬底的占比较大，主要采用脱石浮雕、斜刻和阴刻技法。

（二）梅花

梅花象征五福，高洁、吉祥，与兰、竹、菊并称“四君子”。其纹饰流行于宋以后。

图2-32　梅花

图2-33　梅花纹饰铜镜（宋代）

本书调查所获得的明代圆形梅花纹饰石门簪共计23对，分布情况如表2-3所示：

表2-3　潮州明代圆形梅花纹饰石门簪分布一览表

序号	地点
1	潮安区庵埠镇薛陇村
2	潮安区庵埠镇薛陇村
3	潮安区庵埠镇外文村
4	潮安区庵埠镇文里村
5	潮安区东凤镇东凤村
6	潮安区东凤镇昆江村
7	潮安区东凤镇昆江村
8	潮安区东凤镇王厝陇村
9	潮安区东凤镇下张村
10	潮安区浮洋镇仙庭村
11	潮安区浮洋镇厦里美村
12	潮安区金石镇仙都村
13	潮安区金石镇仙都村
14	潮安区金石镇仙都村
15	潮安区龙湖镇龙湖寨
16	潮安区龙湖镇龙湖寨
17	潮安区古巷镇象埔寨
18	潮安区古巷镇象埔寨
19	潮安区彩塘镇华美村
20	潮安区彩塘镇华美村
21	潮安区彩塘镇华美村
22	潮安区彩塘镇水美村
23	枫溪区长美村

从目前所掌握的材料看，梅花纹饰石门簪只有8种款式，如下：

图2-34主要采用斜刻技法，菊花台形座的中心为花蕾，是一个微凸的小圆；余者为衬底，以斜刀刻出旋片状，犹如现代电风扇的叶片一样。

图2-35主要采用斜刻、阴刻技法，菊花台形座上的梅花很小，处于中心部分，一个小圆为花托，四周五片花瓣以斜刀刻出，再施以阴刻分开；外围衬底是片状旋纹，以斜刀刻出。

图2-36采用浅浮雕技法，梅花处于菊花台形座的中心，花托是一个小圆，五片花瓣接近圆形；衬底以较粗阳线刻出旋纹。

图2-37采用脱石剔地浮雕技法，凿掉菊花柱形座石料以凸起中部梅花，花托为圆包形，中心凿出小圆洞，并连出几条阳线旋纹，外边五片花瓣连为一体，并连接花托处；外围深凿，雕出旋纹片。

图2-38采用脱石剔地浅浮雕技法，菊花柱形座上刻画阳线旋纹为

图2-34　潮安区东风镇鲲江村

图2-35　潮安区东风镇鲲江村

图2-36　潮安区东风镇王厝陇村

图2-37　潮安区浮洋镇仙庭村

衬底，梅花较小，小圆花托的外边缀着五片花瓣，花瓣连为一体，通过剔地成形。

图2-39采用剔地浅浮雕技法，菊花柱形座，梅花的花托突出，五片花瓣略低，各不相连；外边为衬底，饰以旋纹阴线。

图2-40采用阴刻技法，菊花柱形座，梅花的花托和花瓣都用阴线刻出，花瓣只有四片；衬底以阴线刻出旋纹。

图2-41采用剔地凸雕技法，菊花柱形座，梅花和衬底间凿掉石料，花托为小圆包，五片花瓣彼此相接并连接花托；衬底以斜刀刻出旋纹片。

图2-38　潮安区庵埠镇外文村

图2-39　潮安区彩塘镇华美村

图2-40　枫溪区长美村

图2-41　潮安区彩塘镇华美村

菊花柱形座为主，梅花都是仰视图案，衬底都是旋纹，主要采用脱石浮雕、阴刻技法。

（三）灵芝（又称如意、祥云）

灵芝象征吉祥如意，平安幸福。《神农本草经》："久食身轻不老，延年神仙。"灵芝作为中国特有的瑞祥之物，其图案被大量运用于器皿及建筑构件上。

图2-42 灵芝

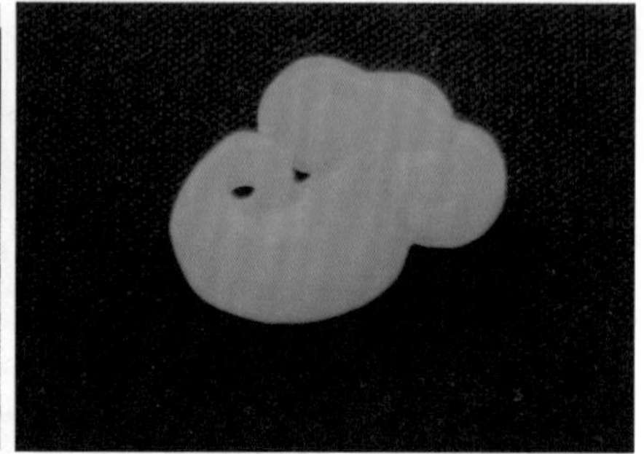
图2-43 和田白玉如意佩（清代）

本书调查所获得的明代潮州圆形灵芝纹饰石门簪共计16对，分布情况如表2-4所示：

表2-4 潮州明代圆形灵芝纹饰石门簪分布一览表

序号	地点
1	潮安区浮洋镇东边村
2	潮安区浮洋镇仙庭村
3	潮安区庵埠镇开濠村
4	潮安区庵埠镇官路村
5	潮安区庵埠镇官路村
6	潮安区东凤镇鲲江村
7	潮安区东凤镇下张村
8	潮安区庵埠镇外文村
9	潮安区庵埠镇外文村
10	潮安区庵埠镇官里村
11	潮安区庵埠镇官里村
12	潮安区庵埠镇官里村
13	潮安区古巷镇象埔寨
14	潮安区古巷镇象埔寨
15	潮安区古巷镇象埔寨
16	潮安区龙湖镇银湖村

就目前所掌握的材料看，灵芝纹饰在潮州石门簪上只有6种款式，如下：

图2-44采用浅浮雕技法，菊花柱形座，主体为灵芝侧视图，以剔地一面坡雕出灵芝，灵芝由下端的柄托着，周边以粗阳线雕刻枝蔓陪衬，边为阳线。

图2-45采用阳线雕刻技法，菊花柱形座，几条短弧线连成灵芝盖的形状，中间加上略浅的阳线小圆圈，下边连着柄子并配以阳线枝蔓，灵芝盖上加了三条短弧线，阳线为边。

图2-46采用阳线雕刻技法，菊花柱形座，严格说更像一朵祥云，以几条短弧线构成云形，里面再加几条短弧线，上边和下边配上一些短弧线为云气。

图2-47采用脱石浅浮雕技法，菊花柱形座，通过凿掉石料刻出灵芝盖，里面再斜刀刻出相连的三个圆形，下边刻出未成形的灵芝，宽

图2-44 潮安区浮洋镇东边村

图2-45 潮安区浮洋镇仙庭村

图2-46 潮安区庵埠镇官里村

图2-47 潮安区东凤镇鲲江村

图2-48　潮安区古巷镇象埔寨　　图2-49　潮安区古巷镇象埔寨

边，以斜刀刻出似断又连的形态。

图2-48采用阳线雕刻技法，菊花柱形座，以七段弧阳线构成灵芝形状，里面浅浮雕如意形，连着托；下边和上边有几条曲阳线草蔓；几条云状阳线构成圆圈。

图2-49采用浅浮雕技法，菊花柱形座，图案可看作是一朵祥云，脱石剔地刻出主体云朵和上下四朵小云，再剔除里面石料，留下轮廓的阳线及里面的一点纹路；边圈是轻微的阳线。

菊花柱形座，灵芝以侧、俯视图表现，以浅浮雕阳线为主要技法。

（四）牡丹花

牡丹花象征富贵荣华，诗人刘禹锡云：“唯有牡丹真国色，花开时节动京城。”从唐代起，牡丹就被推崇为“国色天香”，其纹饰成为传统花卉纹样中吉祥纹饰的代表。这类纹样在石门簪中也常被使用，它是历代手工美术、建筑装饰、整体装饰中最流行的纹样，它寓意幸福美满，富贵昌盛。唐宋之际

图2-50　牡丹花

图2-51　牡丹花纹盖紫铜熏香炉（明代）

牡丹花曾被封为花中之王，它在中华儿女心中的地位非同一般。石门簪装饰将牡丹花纹高度概括，并予以充分展现，将牡丹花最完美的形态精心提炼出来，刻画出流利洒脱、豪迈奔放的活力与生机。

本书共收集了22对潮州明代圆形牡丹花纹饰石门簪，分布情况如表2-5所示：

表2-5　潮州明代圆形牡丹花纹饰石门簪分布一览表

序号	地点
1	潮安区庵埠镇外文村
2	潮安区庵埠镇外文村
3	潮安区庵埠镇外文村
4	潮安区庵埠镇开濠村
5	潮安区庵埠镇宝陇村
6	潮安区庵埠镇凤岐村
7	潮安区庵埠镇凤岐村
8	潮安区庵埠镇官路村
9	潮安区浮洋镇厦里美村
10	潮安区浮洋镇仙庭村
11	潮安区浮洋镇仙庭村
12	潮安区彩塘镇市中村
13	潮安区彩塘镇市中村
14	潮安区龙湖镇龙湖寨
15	潮安区龙湖镇龙湖寨
16	潮安区龙湖镇龙湖寨
17	潮安区龙湖镇龙湖寨
18	潮安区龙湖镇龙湖寨
19	潮安区东凤镇仙桥村
20	潮安区彩塘镇华美村
21	潮安区浮洋镇大吴村
22	潮安区古巷镇绕埔村

这些石门簪共有6种款式，如下：

图2-52　潮安区庵埠镇外文村

图2-53　潮安区浮洋镇厦里美村

图2-54　潮安区庵埠镇外文村

图2-52采用斜雕、阳线雕刻技法，底座与牡丹花同形，这是盛开的牡丹花，中心为花盘，以阳弧线构成七星状，里面再轻微剔地露出圆形花托，七片花瓣以斜刻一面坡、阳线和阴线构成。

图2-53采用浅浮雕、阴刻技法，底座为牡丹花形，中心为花托，五片花瓣以阳线表现，花尖有单弧线和双弧线；现在看到的着了色，白底，花瓣接近花根部分施以玫瑰红，往外渐淡；每片花瓣的花尖及有的边缘上了墨色，花脉用白色弧线表现；花托涂了金色。

图2-54采用脱石浮雕技法，菊花柱形座，牡丹花的衬底为旋纹阳线，与圈边的阳线连接；花为侧俯视状，中间是花柱，后面是一小一大的花瓣，小的浅刻，花尖呈波浪状，其左右各有一片花瓣，下面有三片花瓣，较小，下边以阳线刻出花梗和叶子；花的四角各有一片叶子；层次感较明显。

图2-56 潮安区东凤镇仙桥村

图2-55 潮安区彩塘镇市中村

图2-57 潮安区浮洋镇大吴村

图2-55采用浮雕、斜刻技法，菊花柱形座，六条阳线与圈边阳线连成一体构成叶子，牡丹花重瓣，为盛开状，花根收尖，花尖成弧形，层次分明，立体感强。

图2-56采用浅浮雕技法，菊花柱形座，阳线圈边，牡丹花为重瓣，以弧形阳线构成，表现了牡丹花尽情怒放的样子；上下均有四片叶子衬托着，叶子以脱石技法刻出叶脉。

图2-57采用浅浮雕技法，菊花柱形座，侧俯视图为主，以阳线旋纹连接圈边为衬底，牡丹花开放，几片花瓣围着花柱，以脱石剔地刻出花状，花柱为子弹头形，左右两片花瓣的花尖为鸭掌形。

四 石门簪纹饰雕刻技法

潮州明代石门簪图案运用了多种雕刻技法，主要有浅浮雕、凹雕、阴线雕刻和阳线雕刻等，这些技法往往是综合使用。

（一）浅浮雕

图案脱石剔地雕刻，物象多呈凸起的弧面，凸起的平面较少。还有就是采用一面坡刀法斜刻，沿轮廓线用凿刀偏锋凿出一边偏的粗阳线斜面，给人以浅浮雕之感，增强立体感，如图2-58。

图2-58　浅浮雕

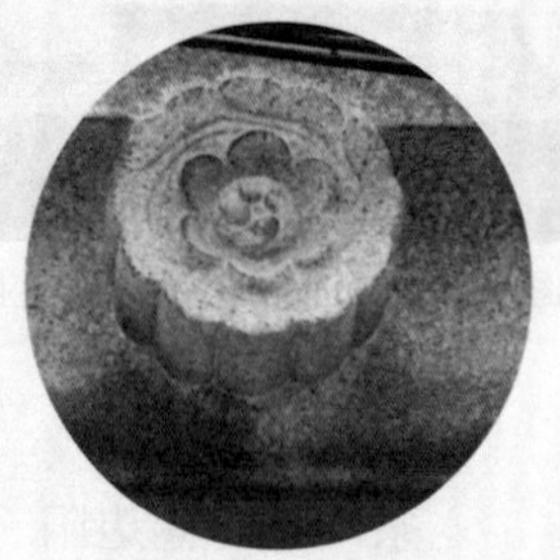

图2-59　凹雕

（二）凹雕

把整个门簪凿成凹面或正中周围部分凿成凹面，然后用阴线刻画图案细部。这种技法不多见，主要出现在明初，如图2-59。

（三）阴线雕刻

为了突出图案的细部，采用或粗或细的阴线雕刻，这是最常见的技法，如图2-60。

图2-60　阴线雕刻

（四）阳线雕刻

阳线雕刻是减地平面线刻法，在门簪的圆面上用墨线勾勒出图案，然后将图案线条的内外石面凿去一层，使线条构成的图案凸出石面。这种技法多见于明末，如图2-61。

图2-61　阳线雕刻

线条在石门簪图案上的运用较为突出，这是中国绘画的特点和优良传统。在石门簪上所运用的线条有阴线、阳线，有粗线、细线，有曲线、直线，有弧线、斜线等。变化的线条交错运用，使图案朴素稳重中显得活泼而富有生气。

石门簪的制作技艺整体来说是在明初时较粗糙，而后逐渐变得精细。

石门簪的布局构图大都采用传统上的对称法；还有两个较为突出的特点：一是采用以次辅主的方法，石门簪中有代表性或主体的图案处于中间显著位置，在四周用次要的纹饰来衬托，从而使主题图案更加鲜明突出，如图2-59；二是图案挤满整个石门簪，给人密不透风的感觉。

CHAPTER 3

第三章 潮州清代方形文字石门簪

一　清初潮州社会及石门簪

（一）清初潮州社会

为什么明代以前潮州的石门簪形制和纹饰与中原完全一样，而入清之后就全都变了呢?

这跟历史背景有关系。到了晚明，潮州的中原文化已经弱化，中央政府对整个国家，特别是潮州这么一个边远地方的控制力已大不如前。

1644年，清军入关，清朝立国。清初为了防困郑成功实行迁界政策，清顺治十八年（1661年）实行迁海，沿海30里、50里以内为无人区；清康熙二十三年（1684年），清政府正式废除海禁政策。

清初，潮州尽管人多地少，可潮人精耕细作，产量高，再加上海禁停止之后清廷允许商人领照从东南亚购入大米，从而解决了粮食问题；同时很多农民开始从事轻工业和商贸，这时候的潮州已可媲美江南富庶之地了。

（二）方形文字石门簪应运而生

清初的潮州，文化经过长期发育，正进入青壮年时期；长期的思维和行为训练，潮人文化自我中心觉醒，这促使潮人用自己的标准去从事一切活动。这时，他们重新审视圆形花卉石门簪等生活生产中出现的事物，用开放的头脑去思考并寻求解决的办法。美国学者F. 普洛格和D.G.贝茨在《文化演进与人类行为》一书中说：“文化是一种适应方式。”当某一个潮人知识分子认为圆形花卉石门簪已不适应其时的社会需要时，他便苦心造诣地寻求“适应”的表达方式。解决这个问题既需要智慧，也需要自尊心的满足。

明代的石门簪形制为圆矮台（或柱）体，纹饰大多为莲花、梅花、牡丹花和灵芝等有吉祥寓意的图案，到了清代一改圆形制，变圆为方，成为方矮台（或柱）体，以至后期方平面形制；其中，在清初尚有一个过渡期，此时门簪形制是方圆结合体形制。明代石门簪的形制为圆形，到了清代变化发展为方形，从圆变方，重要原因是纹饰发生了根本性变化。进入清代，门簪纹饰逐渐由花卉变化为文字，为了适应方块文字纹饰的需要，或者说为了更好地突出纹饰的内容，石门簪选择了方形制。正方形印章对石门簪方形化起了决定性作用。

晚明时，圆形制中的门簪纹饰仍是花卉图案，到清初已出现文字纹饰，如图3-1，虽数量不多，但已是潮州出现大量方形文字纹饰乃至成为唯一纹饰的萌芽。在清初，在还没完全嬗变为方形之前，出现了一个多种形制并举的过渡期，有类方形的圆方形和方圆形、菱形等，这个过程主要是从圆到方的过渡期，大约50年；到了后期，有个别的石门簪仍是圆形文字或方圆形文字，但已经跟这个过渡期没有关系了，只是有的人喜欢这种形制而没有采用已经在社会上流行的方形文字石门簪而已。这个时期的方圆形门簪纹饰有文字的，也有文字配以其他纹样的，或两者兼而有之的，如图3-2。

石门簪从圆形变为方形，图案由花卉更替为文字，尽管有其短暂的过渡期，但从宏观上看它是一个突变，这在民俗事象中并不多见。

图3-1 清初圆形文字门簪

图3-2 潮安区彩塘镇华美村（清康熙四十五年）

图3-3　潮安区浮洋镇仙庭村（清乾隆年间）

图3-4　潮安区庵埠镇宝陇村（清初）

（三）石门簪字数及文字排列顺序

两枚石门簪的纹饰为文字看起来就像两枚印章，文字一般不同（民国时极个别的两个“囍”字除外），内容相联，有两字、四字、八字，以四字居多，大多自右而左、自上而下排列。

图3-5，两枚门簪“联登科甲”却是自左而右排列，石门簪中的“联登”“科甲”又各自右至左安排，这与三山门的右旁门不无关系。

图3-6，“文章华国”自上而下、由右至左排列，“诗礼传家”却从左到右向门中间靠。

清代祠堂及民居石门簪的文字涉及方方面面的内容，从中不难了解到当时潮人（特别是潮州文人）的世界观和价值取向。

图3-5　潮安区

图3-6　湘桥区磷溪镇大厝村

二 潮州清代祠堂方形文字石门簪

（一）潮州祠堂

明代全国分为13个布政司，北方4个，南方9个，明太祖时，据明洪武二十六年（1393年）的统计，全国人口6000万人，南方是北方的三倍。到了明代后期，南方有良好的灌溉系统，气候、地理比北方优越，且社会相对稳定。这时期从北方或福建进入潮州的移民众多，可以说是历史上规模最大的，这给潮州带来了大量的劳动力，促使农业进一步发展，手工业和商业更加繁荣，同时经济的发展又促进了文化教育的发展，前文提到的整个明代潮州的科举情况足见潮州文化水平和道德风尚的进步。

晋永嘉之乱后，门阀士族以血缘为纽带，率众南迁，或经停福建、江西等地，或直接进入潮州，在这里找到了一个能远避战火、安居乐业的风水宝地，于是定居了下来。他们继承晋“坞壁”遗风，聚姓而居。清人张海珊《聚民论》：“今者强宗大姓所在多有……闽广之间，其俗尤重聚居，多或万余家，少亦数百家。”清代《潮阳县志》：“唐宋以来，创寨皆以其地之势，详作布局，依其局建屋，颇具匠心。”到了明代中期，朝廷允许民间老百姓自建祠堂，在中原京畿之地不复存在的巨族在潮州这里聚族而居后，就依自然地理环境择地创建以宗祠为中心的村落，并以宗族为纽带延续宗法礼教。这个时期，潮州民间兴建了很多祠堂，特别是在潮州府城就建了60多座祠堂。入清以后，尤其是康熙帝解除海禁后潮州社会初步稳定，经济开始繁荣，各姓都纷纷盖起了祠堂。这些祠堂成了潮人祭拜祖先、慎终追远的族众公共场所，祠堂建筑运用了木雕、石雕、漆画、灰塑、嵌瓷等工艺，体现了工匠艺人的高超艺术水平，给人豪华富丽的审美感觉；同时在祠堂的门簪、题额、对联、碑记等，很容易就能看到文人墨客的书法艺术，其中不少还是出自名家之手。清乾隆《潮州府志》载：“望族营造屋庐，必建立家庙，尤为壮丽。”

（二）祠堂方形文字石门簪的功能

石门簪是有形的、可触摸的，但它又是观念的、无形的，属文化深层结构层面的；它是潮人长期在社会生活中的积累，是潮人世代相传的积淀，彰显了潮人的观念态势。石门簪由圆形花卉改为方形文字后，更能表达族众后昆“崇先敬本”的严肃主题。方形石门簪的文字对本族的所有人来说，要求其服从，同时也对其行为持有期望，能产生一定的期望功效。明中期以后，宗族制度对潮州社会生活的各个方面产生着极大的影响力。封闭的血缘关系在祠堂中得到体现，通过祠堂将整个氏族成员紧紧团结在一起，这种宗法势力起了很大的聚心力作用。正因如此，方形石门簪的内容必须与此相一致，要体现向心性、凝固性、延续性的特点。这也说明它体现了氏族中氏族成员的盲目从众这一行为，氏族成员对本氏族的规范及习惯早已相沿成习，极易接受，因为他们谁也不愿意成为越轨者，不愿意被整个宗族所嫌弃。在聚族而居的乡村，人们处在农业文明的自然经济氛围中，世世代代生于斯、长于斯，在这种相对封闭的文化氛围之中，祠堂更能体现你中有我、我中有你的亲密关系，这时候，氏族的每项决定都更能得到氏族成员的响应。正因如此，石门簪文字内容开宗明义地提出来的呼吁就很容易得到贯彻实施了。

谈到祠堂石门簪肯定离不开它的主体建筑——祠堂，在潮州闻名遐迩的祠堂有阿婆祠、从熙公祠等，下面简略介绍三座祠堂。

1. 阿婆祠（图3-7）

广东省文物保护单位。阿婆祠是清康熙年间龙湖的黄作雨为其母（庶母）周氏所建的，是潮州唯一的一座女祠。阿婆祠因门楼非常宽阔（10余米）又俗称“阔嘴祠”，建筑十分讲究，门框上有一匾额，书“椒实蕃枝”四字，乃清康熙四十八年（1709年）进士翁廷贵所书，翁曾授四川省渠县知县、韶州教授、韩山书院讲席。“椒实蕃枝”语出《诗经·唐风》：“椒聊之实，蕃衍盈升。”“椒实蕃枝”字面意思是花椒树上结满一串串的果实，枝叶非常茂盛；比喻子女众多。匾额之下有两枚石门簪，其文字是“光前裕后”，除了在清初与其他祠堂常用的相一致外，还有另外的寓意：其一，黄作雨对其母亲的歌颂，“椒实蕃枝”就是最好的解释，婢女出身的黄母为黄家传下了烟火，且后代有所作为。其二，黄作雨本人的自豪壮语，他生于明万历年间，承先人遗业，善于经营，在潮州富甲一方；好学，获澄海县国子监生员资格；仗义疏财，曾出巨资招募乡勇保护地方，抵御海盗，设宴砍下贼领之首，平生可圈可点。其三，对后昆发出号召，希望子孙能干出上对得起祖先，下能为后代做出榜样的事业。尽管黄作雨平时能顾及乡民的利益，危难时能挺身抗击海盗，得到整座龙湖寨民众的交口称赞，可当他要把母亲牌位放入氏族宗祠时仍遭到族人的反对，因而才为自己的母亲建起了祠堂。从这件事中可以窥视到在乡村中宗法势力之强大，力量之大成为人们不可逾越的无形鸿沟。

图3-7　潮安区龙湖镇龙湖寨（清康熙年间）

2. 从熙公祠（图3-8）

全国重点文物保护单位。潮安区彩塘镇金砂村的从熙公祠是一座府第式祠堂，其石雕远近闻名，“一条牛索激死三个师父”的传说就是来自这座祠堂；是晚清华侨巨商陈旭年营造的大型民居群落“资政

图3-8　潮安区彩塘镇金砂村（清同治九年）

第”的中心，祠堂并不大，分前后两进，两边配以火巷和从厝。从熙公祠建于清同治九年（1870年），工程前后共花了14年，光绪九年（1883年）完工。从熙公祠坐东向西，面宽31米，深42米，二进四厅的院落布局。祠堂的木雕和石雕十分精致，最著名的是门楼左右的“渔樵耕读”“士农工商”两块石雕，这两块石雕采用透雕和浮雕的技艺，分别雕刻着26个和24个人物，形象逼真，栩栩如生。“士农工商”里有一个牧童伏在牛背上，手里牵着一条双股相缠、长约10厘米的细小如牙签的悬空牛索，传说这条牛索在几个师傅失败后，最后一个师傅采用泡阳桃水细刮的方式才雕成的。石门簪文字为“联登科甲”“光前裕后”，道出了建造者的心声，寄托了无限希望。

3. 己略黄公祠（图3-9）

全国重点文物保护单位。己略黄公祠在潮州市湘桥区义安路铁巷二号，始建于清光绪二十一年（1895年），是一座硬山顶式建筑；面宽15.4米，进深25.7米。门楼楼屋架饰的石雕十分精美，石门框上

图3-9 湘桥区义安路铁巷（清光绪二十一年）

有一对门簪，其文字为“联登科甲”。门额为“己略黄公祠”，背镌“孝思维则”。首进与后厅之间是天井，两侧有廊轩，后厅有抱厦，成四厅相向的格局。后厅中槽屋架是“三五木瓜十八块坯”的典型结构。祠堂装饰精美，工艺精湛，集木雕、石雕、彩画和嵌瓷工艺为一体；木雕技艺尤为突出，是一座名副其实的潮州木雕艺术殿堂，被誉为“潮州木雕第一绝”。

（三）潮州清代祠堂石门簪文字内容

潮州清代祠堂石门簪的文字内容及数量详见表3-1：

表3-1 潮州清代祠堂石门簪文字内容及数量一览表

序号	内容	数量（处）
1	入孝出弟	3
2	万世传香	1
3	千子万孙	29
4	千子万孙　平安富贵	1

（续表）

序号	内容	数量（处）	序号	内容	数量（处）
5	千子万孙　长命富贵	14	31	垂裕后昆	1
6	千子万孙　富贵长命	1	32	诗书传芳　礼义垂训	1
7	元亨利贞	4	33	诗书传家　文章华国	15
8	元亨贵寿	2	34	诗书继世　礼乐传家	1
9	五福临门	2	35	诗礼	33
10	文章华国　诗礼传家	6	36	诗礼传家	19
11	长命富贵	5	37	承先启后	1
12	玉堂金马	1	38	科甲联登	3
13	礼义传家　诗书华国	4	39	禄全寿全　光前裕后	1
14	存忠孝心　行仗义事	1	40	祖德光前　孙谋裕后	5
15	光先裕后	2	41	累代登科	3
16	光前裕后	53	42	累代簪缨	2
17	光前裕后　崇德报功	1	43	联丁科甲	3
18	华德诒燕	1	44	联登科甲	25
19	创业留统	1	45	连登科甲　光前裕后	1
20	观光进第	1	46	联登科甲　累代簪缨	1
21	孝弟忠信	7	47	敦睦和顺	1
22	孝廉传家	1	48	富贵财丁	19
23	寿比南山	1	49	禄全寿全	6
24	寿禄富贵	1	50	福寿	9
25	财丁富贵	23	51	福禄	6
26	财丁科甲	18	52	福禄寿全	1
27	财丁兴旺	3	53	福如东海	1
28	财丁兴旺　联登科甲	1	54	瀛洲人物　海国世家	1
29	财丁贵寿	12	55	（不识）	5
30	财登科甲	1	56	合计	365

（四）潮州清代有明确纪年的祠堂石门簪

清代潮州祠堂方形文字石门簪在不同的时期，文字内容、字体及形制等各有特点，有明确纪年的祠堂能帮助我们更好地了解不同时期方形石门簪文字内容的特点，详见表3-2：

表3-2 潮州清代有明确纪年的祠堂石门簪一览表

序号	年号	地点	内容
1	顺治年间	潮安区凤塘镇和安寨	诗礼传家
2	顺治年间	潮安区凤塘镇和安寨	光前裕后
3	顺治年间	潮安区凤塘镇和安寨	诗礼
4	顺治年间	潮安区凤塘镇和安寨	诗礼
5	顺治年间	潮安区凤塘镇和安寨	诗礼
6	康熙十八年	潮安区金石镇湖美村	福寿
7	康熙二十五年	潮安区	光前裕后
8	康熙二十五年	潮安区庵埠镇开濠村	光前裕后
9	康熙三十年	潮安区庵埠镇仙溪村	礼义传家 诗书华国
10	康熙三十六年	潮安区彩塘镇埯头村	千子万孙
11	康熙三十六年	潮安区彩塘镇埯头村	孝弟忠信
12	康熙三十六年	潮安区彩塘镇埯头村	长命富贵
13	康熙三十六年	潮安区金石镇仙都村	玉堂金马
14	康熙四十四年	潮安区浮洋镇陇美村	光前裕后
15	康熙四十五年	潮安区彩塘镇华美村	光前裕后
16	康熙四十五年	潮安区彩塘镇华美村	诗礼传家
17	康熙五十年	潮安区庵埠镇文里村	诗礼传家 文章华国
18	康熙五十三年	潮安区	光前裕后
19	康熙五十五年	潮安区江东镇庄厝	联登科甲
20	康熙五十五年	潮安区江东镇庄厝	累代簪缨
21	康熙五十五年	潮安区江东镇庄厝	富贵财丁
22	康熙年间	潮安区龙湖镇龙湖寨	光前裕后
23	康熙年间	潮安区庵埠镇文里村	长命富贵
24	康熙年间	潮安区凤塘镇后陇村	诗礼传家
25	康熙年间	潮安区凤塘镇后陇村	光前裕后
26	康熙年间	潮安区龙湖镇龙湖寨	光前裕后
27	康熙年间	潮安区凤塘镇后陇村	光前裕后
28	康熙年间	潮安区庵埠镇文里村	光前裕后
29	康熙年间	潮安区龙湖镇龙湖寨	光前裕后

（续表）

序号	年号	地点	内容
30	康熙年间	潮安区	联登科甲
31	康熙年间	潮安区	千子万孙
32	康熙年间	潮安区庵埠镇文里村	千子万孙
33	雍正四年	潮安区庵埠镇官路村	诗礼传家
34	雍正十一年	潮安区浮洋镇井里村	诗礼
35	雍正十三年	潮安区庵埠镇薛陇村	诗礼
36	雍正年间	潮安区东凤镇东凤村	文章华国　诗礼传家
37	乾隆十一年	潮安区古巷镇孚中村	光前裕后
38	乾隆十一年	潮安区古巷镇孚中村	诗礼
39	乾隆十四年	潮安区东凤镇东凤村	诗礼传家　文章华国
40	乾隆十九年	潮安区浮洋镇陇头李村	千子万孙　长命富贵
41	乾隆二十六年	潮安区东凤镇横江村	诗礼
42	乾隆四十一年	潮安区凤塘镇后陇村	光前裕后
43	乾隆四十五年	湘桥区磷溪镇仙田村	财丁富贵
44	乾隆四十八年	潮安区庵埠镇官里村	承先启后
45	乾隆年间	炒啊亲凤塘镇后陇村	光前裕后
46	乾隆年间	潮安区凤塘镇后陇村	诗礼传家
47	乾隆年间	潮安区凤塘镇后陇村	光前裕后
48	乾隆年间	潮安区龙湖镇龙湖寨	祖德光前　孙谋裕后
49	嘉庆二十年	潮安区东凤镇东凤村	诗礼传家　文章华国
50	嘉庆二十三年	潮安区东凤镇洋东村	光前裕后
51	嘉庆年间	潮安区东凤镇东凤村	光前裕后　诗礼传家
52	道光九年	潮安区东凤镇博士村	光前裕后
53	道光九年	潮安区庵埠镇宝陇村	千子万孙　长命富贵
54	道光十一年	潮安区庵埠镇文里村	礼义传家　诗书华国
55	道光十一年	潮安区庵埠镇仙溪村	礼义传家　诗书华国
56	道光十五年	潮安区庵埠镇文里村	诗礼传家
57	道光二十四年	潮安区庵埠镇文里村	富贵财丁
58	咸丰元年	潮安区沙溪镇沙二村	千子万孙
59	咸丰十年	湘桥区磷溪镇仙田村	千子万孙　长命富贵

（续表）

序号	年号	地点	内容
60	咸丰十一年	潮安区金石镇仙都村	联登科甲
61	同治九年	潮安区彩塘镇金砂村	财丁富贵
62	同治九年	潮安区彩塘镇金砂村	联登科甲　光前裕后
63	光绪三年	潮安区东凤镇下张村	联丁科甲
64	光绪八年	潮安区	光前裕后
65	光绪八年	潮安区庵埠镇乔林村	光前裕后
66	光绪八年	潮安区庵埠镇乔林村	光前裕后
67	光绪十年	潮安区金石镇湖美村	诗礼
68	光绪十三年	枫溪区池湖村	联登科甲
69	光绪二十一年	湘桥区义安路铁巷	联登科甲
70	光绪二十四年	潮安区龙湖镇银湖村	财丁贵寿
71	光绪二十四年	潮安区龙湖镇银湖村	五福临门
72	光绪二十四年	潮安区龙湖镇银湖村	联登科甲
73	光绪三十年	潮安区古巷镇象埔寨	累代簪缨
74	光绪三十年	潮安区古巷镇象埔寨	财丁富贵
75	光绪三十年	潮安区古巷镇象埔寨	联登科甲
76	光绪三十四年	潮安区龙湖镇龙湖寨	联登科甲
77	光绪年间	枫溪区池湖村	千子万孙
78	光绪年间	潮安区东凤镇仙桥村	财丁贵寿

三　潮州清代民居方形文字石门簪

（一）潮州民居

南迁入潮的北方居民，唐宋“十相谪潮”及一批被贬潮州的官员，他们自然而然地把北方的风俗带到潮州来，尤其是官员更是带来了上层中原文化；他们有的把家眷安居在这里，当然也就把中原的居住文化带了过来，宇舍或原样复制营建，或因地制宜改装，虽不是依样画葫芦的居室可还是离不开原来的模式。如大文豪欧阳修的表弟彭延年贬潮后定居揭阳梅云的厚洋村，在这里盖屋建园，并从老家江西庐陵请来名匠建造。彭园建造后，朝廷一邓姓特使参观后称赞有加："洛阳富园、东园、独乐园，皆乏彭园之特色。"足见宋时潮州已有傲世的建筑。至今仍是人们口中美谈的古代四大名桥之一的广济桥也是有力佐证。可惜宋时的屋舍留下来的已无从看到，人们所提及的某某屋宇是宋代建筑那也只不过是当时的遗迹，其建筑已是后人修建的，有的还保留有宋代的制式或零碎的细小建筑构件，而大都已面目全非了。而明代建筑还有一些留存了下来，尽管有的也已破败不堪，而其建筑构件能看到的还是为数不少的。

潮人居室不管是"下山虎""四点金"抑或"驷马拖车"，都讲究中轴对称。"下山虎"是潮州屋宇的最基本构成单位，其形状犹如下山之虎：大门为嘴，两间前房为两只前爪，后厅为肚，厅两旁的大房为后爪。这种制式在出土的汉代明器及隋代展子虔所作的《游春图》中可以见到它的前身。由此可见，潮州屋宇是按照宋以前的古制而建筑的。

（二）潮州清代民居石门簪文字内容

潮州清代民居石门簪文字内容及数量详见表3-3：

表3-3　潮州清代民居石门簪文字内容及数量一览表

序号	文字内容	数量（处）	序号	文字内容	数量（处）
1	丁寿富贵	2	7	元亨利贞	9
2	入孝出弟	1	8	五福临门	1
3	万事如意	1	9	文章华国　诗礼传家	4
4	千子万孙	56	10	长命富贵	19
5	千子万孙　长命富贵	5	11	世第	1
6	千子福孙	1	12	功崇惟志　业广惟勤	1

（续表）

序号	文字内容	数量（处）
13	礼诗	1
14	吉庆满堂	1
15	光前裕后	55
16	齐寿	1
17	华德诒燕	1
18	孝廉传家	4
19	寿全	1
20	财丁科甲	2
21	财丁兴旺	7
22	财丁兴旺　联登科甲	1
23	财丁贵寿	17
24	财丁富贵	30
25	财喜登门	20
26	财登兴旺	1
27	财登贵寿	1
28	财登富贵	2
29	诒燕	1
30	诗书礼乐	2
31	诗书传家	1
32	诗礼	80
33	诗礼传家	32
34	诗礼传家　文章华国	6
35	祖德光前　孙谋裕后	2
36	科甲联登	1
37	联登科甲	6
38	联登科第	2
39	敦诗说礼	1
40	富寿	70
41	富贵文章	1
42	富贵财丁	45
43	富贵财登	3
44	富贵满堂	1
45	虚斋公庙	1
46	累代登科	1
47	福寿	4
48	福禄	28
49	福禄寿全	15
50	（不识）	3
51	合计	552

从表3-3可以看到，石门簪文字内容非常明显地涉及一个家庭的家教和家风。

家教是指家族长辈对后辈子女的教育所形成的惯例，是教养子女、保证世系相续接班的重要手段。它包括德与才，因受儒家思想统治，多侧重封建伦理道德及日常礼法的教育。

为了保证家庭精神的延续和弘扬传承，就要有家教，即以家族精神对一代又一代人进行个体人格的塑造，力求每一个体成为合格的一分子。家人要服从家庭意志，履行家族规定的义务和责任，实现自我价值，达到社会对自己的要求。这样久而久之便形成了家风。

家风是指家族的传统风尚，是在家长或主要成员影响下自然而形成的传统习惯和生活作风，通常又称作“门风”。它涉及家庭和睦、尊老爱幼、互谦互让、勤俭持家等。

时至今日，潮州人仍然十分注重家教和家风的培养，当然跟传统已经有所不同，它既保留了以前的优秀内容，还融入了与时俱进的新内涵，常常获得赞誉。

四　潮州清代寺庙方形文字石门簪

潮州的寺庙有设置方形文字石门簪的并不多，且在调查中不作为主要对象而被经常忽略，因而获得的资料并不多。

潮州清代寺庙方形文字石门簪的内容及数量可详见表3-4：

表3-4　潮州清代寺庙石门簪文字内容及数量一览表

序号	文字内容	数量（处）
1	风调雨顺	2
2	国泰民安	1
3	诗礼	1
4	财丁富贵	1
5	福禄寿全	2
6	合社平安	2
7	长命富贵	1
8	合境平安	1
9	风主雨顺	1
10	福禄	3
11	福寿	2
12	禄福	1
13	元亨利贞	1
14	平安	1
15	合计	20

庙宇的石门簪文字内容世俗化，除“合社平安”“合境平安”外，不管是佛、道或地方小神的庙宇，其石门簪文字内容几乎与民居

的没有什么不同。图3-10石门簪文字为“合社平安”。

图3-10　潮安区江东镇独树村

五　潮州清代方形文字石门簪的创作

对于清代方形文字石门簪这一民俗物象，可从心理、情感、人性、人格以及传统等方面进行审视和观照，这是了解潮州的好机会。

（一）清代方形石门簪文字内容设置继承了中华文化传统

清代方形石门簪的文字内容可以说与贴于门户两旁的春联不无关系，春联源于桃符，古人认为，桃木有驱鬼辟邪的功效，能有此功效的还有神荼郁垒门神等。王安石诗：“千家万户曈曈日，总把新桃换旧符”，可见桃符已向春联过渡；现今潮州仍有称春联为“门符”的。石门簪的文字内容有不少与春联相同或相近，如元杂剧《后庭花》的春联“宜入新年，长命富贵”，《宋史·蜀世家》的春联“新年纳余庆，春节号长春”，相关文字内容在方形文字石门簪上多有出现；更远些从敦煌遗书所录也可看到：“福延新日，庆寿无疆”“福庆初新，寿禄延长”“立春□（著）户上，富贵子孙昌”“□□故往，逐吉新来”“年年多庆，月月无灾”“鸡□辟恶，燕复宜财”。只是方形石门簪的文字内容驱鬼辟邪的功能似乎已微而不见，更多的是对好的生活质量的追求，对幸福美满的向往；有不少其实是人对自己的祝福。

（二）清代祠堂石门簪文字与民居石门簪文字

从表3-1和表3-3所列的石门簪文字内容可以看到，两表一共有23种文字是相同的；祠堂石门簪的文字有31种在民居石门簪中没有出现，而民居石门簪中的文字有26种在祠堂石门簪中没有出现。在祠堂石门簪有出现而在民居石门簪中没有的大多是属于儒家思想方面的，在民居出现而没在祠堂出现的大多是表达追求美满生活的。

（三）清代方形石门簪文字的语言特点

方形石门簪文字有的格调高雅，显然是出自文人墨客之手，如“光前裕后”“华德诒燕”“诗书传家　文章华国”等；有的粗浅而富含对美好生活的追求，应是来自田夫野老之口，如“富贵财丁”“福禄寿全”“万事如意”等。石门簪选用的文字内容与屋主的好恶大有关系，更重要的是由屋主文化水平所决定的。一般而言，文化水平较高的选择文雅用语，反之则选择常见的吉祥用语。

（四）清代方形石门簪文字内容与三教的关系

中国传统思想以儒释道为主流，三家杂于一体，互为补充，许地山在《道家思想与道教》一书中指出：“从我国人日常生活的习惯和宗教的信仰看来，道的成分比儒的多。我们简直可以说，支配中国一般人的理想与生活的乃是道教的思想。儒不过是占伦理的一小部分而已。”可潮州石门簪的文字内容却多见儒家，也遇道家，难及佛家。

一般而言，祠堂方形石门簪的文字几乎为儒家思想所占有，如“诗礼传家”，传达儒家思想，重视家族经典教化；“联登科甲”，鼓励勤学诗书考取功名。祠堂方形石门簪文字内容道家的占有率较低，而在民居中道家思想就占有一定的比例了，如“长命富贵”“福禄寿全”“齐寿”等，可并没有发现宣扬远离世俗喧嚣社会的，没有教人醉心于幽静无争的世外桃源的。明清之际，连年战乱，民生凋敝，相对而言潮人的境况好了点，因而更期盼过安宁稳定的生活，方形石门簪上的这些文字正反映了他们的诉求。可以看到，这些文字是受到某一知识制度系统的制约的，这包括感性的和理性的，其中不少是人们饱经沧桑后获取的经验财富，还有来自典籍的道德规范（主要是儒家的），然后再经过反复的总结、分析、综合、概括，上升为理性知识。可以说，文雅用语多涉及儒家思想，常见吉祥用语多体现道家思想。总之，它是由感性知识和理性知识构成的，它成为人与人、人与自然、人与社会相联系的方式，并自觉或不自觉地遵循实践。不同的文字内容均是人的精神创造，它给相关的群体带来的指向及结果不同，可由于群体生活方式和习惯的相对稳定，便也成为相沿不绝的习惯定势。

据学者研究，道教是最先在潮州传播开的宗教，到了唐代，由于统治者的提倡，佛教在潮州已压过道教成为最有影响的宗教，如潮州府城的开元寺、潮阳县的灵山寺、程乡县的灵光寺等，这些寺宇足以说明当时佛教在潮州的盛行。到了清代，寺院在潮州更是随处可见。可佛教在潮人心中并没有处于统治地位，历次的中原人南迁入潮，处于统治地位的以儒家思想为代表的中原文化连同中原先进的技术等一并随之进入潮州，特别是自唐以后“十相谪潮”等一批官员更是把儒家学说带入潮州，并躬行贯彻。到了明嘉靖年间，潮州的儒学达到了鼎盛时期，出现了薛侃、翁万达、林大钦等巨子；这时候的书院有中离书院、翁公书院、玉简书院等；入清以后，潮人心中已完全让儒家礼教所占据了。而创作方形文字石门簪的人更是一批推崇儒家思想的知识分子，他们自然而然地就设计出以儒家思想为主体的石门簪文字，这样既把自己的意志表达了出来，也顺应了潮人的心理态势。

（五）方形石门簪文字反映了潮州的社会心理状况

方形石门簪文字不仅仅是民间的民俗事象，反映民众的价值取向、心理追求等，它也体现了封建统治者的文化、意志，从石门簪的文字内容可以明显发现，不同阶层的居宇的方形文字石门簪的大小、质量可以不同，但文字内容却可以相同，就是说文字内容不受政治、经济地位高低的制约，在文字内容的选择上是平等的。这小小的石门簪上所提倡的内容与几千年来统治集团所关注倡导的内容契合，统治者与被统治者的意愿相统一，不同阶层人群的价值取向相同，可以说已经超越了阶级的对立。

石门簪的文字内容为潮人所认可并成为民俗习惯，对潮人的日常行为起到一定的约束和指导作用，这其实就是作为一个社会人在社会上受到的约定俗成的规范，也是每一个社会人对客体的感受和心理活动；在这种角色认同中，既传承了古老的文化，又融入了现实社会人与人交往的行为准则，是一种内在的、深层次的心理意识活动。人们在这一活动过程中渴望得到了满足，心理意愿与古今文化高度融合，从而推动了整个民族文化继续向前并得以强化。

可以这么说，方形文字石门簪是潮人的一种心知的外化。“心知”即认识论，“孝廉传家”是一种自我褒扬，也是一种群体意识。“长命富贵”是对欲望的追求，是每一个社会人在或长或短的时间里所具有的，人们出于社会的需要，往往不会去考究它的合理性，而是无条件地遵从，去努力，去争取。

清代方形文字石门簪是潮人“心知”的一种外化，是人们主体情感自律的认识活动，是认识成果向实践转化的起点，家人或族人认可了它，接受了这个来自生活中的认识，并在生活中贯彻践行。因此说方形文字石门簪是潮人“心知外化”的一种形式，是个体精神的高度教养和教化，也是中华民族精神的素质元素。

清代方形石门簪文字内容不是“禁止”而是“宣扬”，为什么会这样呢？“禁止”表达的是不准许的意思，给人不可抗拒的约束力，约束了人们的言行。“宣扬”即广泛传扬，呼吁人们关注家族，关注社会，关注美好事物，努力去创造积极乐观的生活，就是提倡正能量，石门簪文字内容这一明显的功能与潮人的生活态度相一致。

（六）石门簪文字内容有优劣之分

以辩证法来看待清代方形文字石门簪，会明显发现它的优点和缺点。它不是十全十美的，也不是一无是处的。如果能剔除有害的成分，它会给予人们很多好处。第一，能让人们更好地认识清代潮州的社会生活、潮人生活。不管是哪一类型的文字内容都反映了当时潮州社会现实生活，是潮人人与人、人与家庭、人与社会的关系、行为、心理的反映，如“垂裕后昆”“入孝出弟”“敦睦和顺”等，胸襟博大，泽被后人。第二，对潮人道德品质的培养起了一定的作用，如“诗礼”“孝弟忠信”“存忠孝心行仗义事”等，雄浑之气、忠义之风布满社会。但有一点应特别说明，这些文字大多强调了对群体尽义务而忽视个人权利的强烈家族观念。这些具有高尚的思想情操、可贵的道德风范的文字让潮人获得了文化教养，认识了正义、诚信、孝道等并努力践行之。即使在今天，社会性质变了，生活变了，尽管其中有一些已不适用了，可是其优良的思想意识、道德情操的品质仍没有过时，仍能焕发光彩，并有待人们去发扬光大。第三，培养了潮人的审美能力。方形石门簪文字的字体、布局、雕刻等能给人以艺术的享受，让人获得艺术的陶冶，它的审美功能显示了其艺术价值，是一杯永远也饮不尽的艺术欣赏的“醇酒”。

从上文表3-1、表3-3可以看出，石门簪文字共采用了103种，其中有不少字在门簪中出现的频率很高，这反映了某一时期潮人世界观、价值观的一致性。在清初的顺治、康熙年间，“诗礼”“光前裕后”占有率很大，这不是一个偶然现象，从中似乎可以窥视到其时潮人的某些心理状况；在某一地域中某一门簪文字被不同姓氏祠堂或民居所使用，如凤塘镇和安寨不同姓氏祠堂选取了“诗礼”。文字的内容在不同时期、不同地域有着同一性，这应是潮人从众心理的一个微小体现，也反映了方形文字石门簪的程式化。此处，是否还可以推断，当时潮人不同的人群为适应生存环境，立足于社会，与其他人群彼此影响，相互作用，十分成功。这大概就是人类学家们所认为的人类相互依赖因素组成的网络生态系统。

这些纹饰文字以其特有的折光反映了清代潮州社会生活、文化风尚和精神面貌等，对人们研究清代潮州的社会风貌和民俗特点具有一定的意义。清代潮州祠堂、民居石门簪纹饰文字主要集中反映在对家庭、宗族、社会的终极意义的幸福观念上，归纳起来可以分为三个方面：一是家族群体，二是道德规范，三是国家社会。这些文字既重视家族思想，也重视社会思想；既重视私德，也重视公德；既重视纵的伦理，也重视横的伦理。强调了个人（和家族）对宗族和社会的义务，其核心是人伦为本，注重人。例如，“千子万孙”是基于人的自我保存本能提出来的，求取继承的后嗣是将保存自我的本能客观化的唯一方法。在石门簪上明确向家人、族人提出“千子万孙”的愿望或要求，这也是族人（或家人）孝行与崇祖精神的具体化，是伦理主义的最突出的表现方式，具有调节人心，规范世道的作用。

第一方面，调节人心：“千子万孙”“长命富贵”。古人认为：“不孝有三，无后为大。”一个男人如果不能生儿立嗣，膝下没有孙男子侄，那是无法向家长、族长以至列祖列宗交代的。“千子万孙”是先人对家人、族人发出的美好愿望，这从某个方面对人们起了安慰鼓励的作用，同时也是对其敲响警钟。其一，多子多孙多福寿乃是中国人传统的观念。子孙繁衍传宗接代寄托了人们对人类生存和发展的美好愿望，这种希望子孙延绵有福的爱是无私的。富贵寿考，一切的基础是寿。《尚书》对福的解释："一曰寿，二曰富，三曰康宁，四曰修好德，五曰考终命。"对长寿文化的关注是人们一大财富。"彭祖寿八百"等典故正是这种反映。其二，恩格斯在《自然辩证法》中认为："生命总是和它的必然结果，即始终作为种子存在于生命中的死亡联系起来考虑的。辩证的生命观无非就是这样。"在民俗行为中，人们总存在着不死或再生的生命观，"寿"反映了人们对生命存在形式的探索，对永恒生命的追求。这也是一种积极的顽强探索精神，要求每个人都应热爱宝贵的生命。"长命富贵"这一类来自民间的祝福吉祥语，还是占有一定的比例的，这类吉语大都强烈地反映出潮人殷切希望摆脱困境，憧憬幸福富足生活的心理渴求，也反映出潮人企求改变现状的实践。这一类吉语往往可以追溯其产生的遥远年代，因此能够从中窥视古代的某些遗痕。中国两千多年的封建帝制统治，长期的封建文化陶冶铸成了底层社会自卑、守命、顺从、攀附的心理，文字中的"长命富贵""联登科甲""福禄"等突显了潮人的心理痕迹，从中可以看出潮人追求幸福祈望"富贵在天"的畸形心理，这也是封建社会长期浸染的结果。其三，"千子万孙"是对子孙繁衍的量要求。在农耕时代，人丁兴旺是五谷丰登的基本前提，同时作为一个男人必须生儿子，这样在他死后才能有人祭祀他。孟子曰："不孝有三，无后为大。""多子""丁"也是为了祭祖的香火能够绵延不绝。

第二方面，规范世道：一个人生活在社会中，必定受到社会和文化的制约，只有遵循一定的规范世道，才能立足于社会。人与群有亲合需要，因而人与群就必须保持一致，要有精神上的呼应与沟通。石门簪上的文字维护了群体的连续性，因而使人很容易地产生认同感和归属感。社会人想要满足自己的本能欲望，但同时自己又是道德的存在物，所以必须遵循这个群体的、社会的制度的、习俗的力量的规范约束。

石门簪的文字也表达了人们对和合圆满的理想追求，在老百姓心中，“子孙满堂”就是一个家族最体面的事，在人际与社会的和谐方面，中国人历来讲究“重合轻分”的家庭结构，“九族而居”“五世同堂”都被传为美谈。和谐的对应点必然是圆满，“圆满”很大程度上推动了民间生活的稳定和进步，当然，它注重集体观念的同时也削弱了个人的独立意识。

“中和”一向被人们所追捧。第一，有其悠久的历史，“中和为至德”这句话出自西晋文学家嵇康之子嵇绍《赠石季伦诗》，其曰：“人生禀五常，中和为至德。嗜欲虽不同，伐生所不识……”其中“中和为至德”是中华民族的文化精神，也是儒家的最高道德标准。《论语·雍也》：“中庸之为德也，其至矣乎！民鲜久矣。”《中庸》：“中也者，天下之大本也；和也者，天下之达道也，致中和，天地位焉，万物育焉。”孔子赞扬中庸品格，认为中庸至德为天地伦理。如果要用最简洁的语言讲中国文化，用一个字是“和”，用两个字是“中和”，用三个字是“致中和”。各种要素在中华文化中和谐共生。“中”通向儒家的最终理想，“和”需要心性与心智都达到极高境界。“不偏之谓中，不易之谓庸，中者天下之正道，庸者天下之定理。”朱熹的看法非常透彻。行事不偏，不偏的行事不变，合起来就是中庸；中庸是做人的大德行，也是做事的大智慧。中庸、中和是内在之仁与外在之礼的统一。所以，孔子称中庸为“至德”，认为它是最高的德慧。董仲舒的宇宙论正是一种“中和”宇宙论，他以阴阳中和作为万物共生的基础，厚德载物，历代不变。第二，“和”是一个古老的哲学概念，从先秦诸子的论述中不难看到，无论是儒家的孔孟、道家的老庄均强调“和”，认为“和”是众多不同事物之间的和谐，只有“和”才能“天下大同”，突出了事物的多样性和丰富性，共生共处。力求事物的平衡与和谐，是中华民族在几千年的历史发展过程中总能生生不息连续发展的一个重要原因。第三，一个“和”字就把人与人、人与社会、人与自然和谐相处的状态勾勒了出来，《易》：“观乎天文，以察时变；观乎人文，以化天下。”从远古起，天人和谐、人际和谐的“天人合一”就是中华民族精神的一个重要特征。第四，和谐持中是中国传统文化的最高境界，个人自我身心的和谐、人与人的和谐、人与社会的和谐、人与自然的和谐，和谐使得所有的一切都互得其利，持续发展。

在人与人的交往活动和人与国家关系上，自古而今中国人都是讲究礼义忠信的。《礼记》：“夫礼者，所以定亲疏、决嫌疑、别同异、明是非也。”《左传》：“夫礼，天之经也，地之义也，民之行也。”《礼记》：“道德仁义，非礼不成。教训正俗，非礼不备。分争辩讼，非礼不决。君臣、上下、父子、兄弟，非礼不定。”《左传》：“礼，经国家，定社稷，序民人，利后嗣者也。”“夫礼，所以整民也。”“礼，国之干也。”“礼，身之干也。”“古之治民者，劝赏而畏刑，恤民不倦……三者礼之大节也，有礼无败。”“夫礼，死生存亡之体也。”《说文解字》：“礼，履也，所以事神致福也。”儒家认为，“礼”是秩序与和谐，在长期的封建统治中礼成了“以血缘为纽带，以等级分配为核心，以伦理道德为本位的思想体系和制度”。它渗透到社会生活和家庭生活的方方面面。民间传统建筑就体现了浓厚的伦理色彩，从庙宇、祠堂到民宅，无不循规蹈矩，遵守人伦上下尊卑的秩序和准则。而在潮州，石门簪更是直接刻上了“礼”“义”“忠”“信”“廉”等，这些几乎都是出自儒家的经典。

“礼义”出自《诗经·卫风·氓序》的“礼义消亡，淫风大行”。礼义即礼法道义，《礼记·冠义》：“凡人之所以为人者，礼义也。礼义之始，在于正容体，齐颜色，顺辞令，而后礼义备。”

《论语·卫灵公》："君子义以为质，礼以行之，逊以出之，信以成之。"韩愈云："行而宜之之谓义。"礼是中华传统文化的表征，义是怀仁者爱人的美德。潮人讲究礼义，故潮州有"海滨邹鲁"之美誉。

《易经·乾》："君子进德修业。忠信，所以进德也，修辞立其诚，所以居业也。"司马光曰："尽心于人曰忠，不欺于己曰信。"忠，坚定心中的道，为国为民行事矢志不移。信，诚实而知耻，不诳不欺，言出必行。忠者必有信，信者必怀忠。

《论语》："古之矜也廉。"《吕氏春秋》："临大利而不易其义，可谓廉矣。"《后汉书·列女传》："廉者不受嗟来之食。"廉，刚直方正，廉洁不贪。"孝廉传家"，要求家人、族人承前启后，永不间断，这与今天所强调的反腐倡廉要"常""长"抓相应。

在选取文字内容这个问题上，或许有时也出于某一特殊环境考虑的，例如，"光前裕后"多出现在清初的顺治、康熙年间，这是否可以从政治上考量呢？"光前裕后"乃古语，宋王应麟《三字经》："扬名声，显父母，光于前，裕于后。""光前裕后"指的是为祖先增光，为后代造福，形容功业伟大。清初，现实生活不能让潮人感到满意，或许仍念为汉人，不甘异族统治，不愿做对不起祖先之事，希望为祖先增光。石门簪文字的选取有时还基于某一特殊家族原因，同是"光前裕后"，龙湖镇龙湖寨阿婆祠应还有另一层含义。上文已提到，阿婆祠建于清康熙年间，由当地富商黄作雨为其母（庶母）周氏所建。从正门匾额"椒实蕃枝"四字就可以明显看出"光前裕后"除一般含义外，似乎还表达了其不忘生母养育之恩，为母亲歌功颂德的意思。

（七）石门簪文字可使人们了解到更多方面的信息

清代潮州石门簪文字具有积极入世的特点和对理想的追求，它既是族人的生活信条，也是中国文人积极入世的良好愿望的充分表现。文字内容大多崇文尚德，没有尚武的或明义经商的，从中也可嗅到浓郁的文人气息。宋代时任尚书的潮人王大宝曾说："地瘦栽松柏，家贫子读书"，道出潮人为了改变命运读书接受教育的现象；到了明清时期，商业在潮州十分发达，可人们并不因商废学，清代乾隆《潮州府志》："望族营造屋庐，必立家庙，尤加壮丽……家有千金，必构书斋，雕梁画栋，缀以池台竹树。"从书斋到祠堂，乡村中处处有教育场所，从匾额、对联到石门簪文字，字字句句是激励后辈读书上进，考取功名。如从"联登科甲"就可以看出潮人对科举的重视。整个社会对儒家经典和官僚士大夫极力标榜，为社会树立了一个科举建功的榜样，文人通过科举而福禄至，认为只要获得功名便能获得所需的一切。科举、出仕、功名成为文人的人生追求，家庭兴旺的价值目的。通过科举进入仕途，对平民百姓来说是一件好事，因为只要凭借自己的能力和努力，熬过"十年寒窗"就有机会做官，就能光宗耀祖。"联登科甲"这种愿望明显地推动了潮州文化、教育的发展。为了考取功名必须吃尽十年寒窗苦，潮州的书院、私塾蓬勃兴起，为更多的潮人能够读书提供了方便，他们研读学问、考取功名以光宗耀祖，显赫乡里。考不上的也能凭借学识从事其他工作。

当然，这种积极入世的务实态度对文人来说是一种良好的愿望，可对一般民众而言，它充其量只不过是对文化传承的被动接受而已。可以说，清代方形石门簪文字还是流于程式化、表面化、口号化。

不过，石门簪文字还是为家人、族人提供了处理焦虑、磨难的途径，不仅团结了家人、族人，也帮助个人社会化，帮助社会加强团结，维护了社会稳定。例如，提倡孝悌、人伦为本的社会准则。第一，体现仁。石门簪文字关注了人本思想，将个体与类众，将人与自然、社会交融互摄，强调个人对家族、宗族和国家的义务。这具有极大的影响力和感染力。人们认为，人只有在其所处的社会关系中才能实现自己的存在价值，人是所有社会关系的总和，一旦这些社会关系被抽空，人也就被蒸发掉了。“仁者，人也”，所谓“仁”是“人”字旁加一个“二”字，也就是说，只有在“二人”对应关系中才能下定义，点明“人”与“人”构成关系才能彼此立足于世。这种“二人”对应关系是一种人与人的社群关系：君臣、父子、夫妻、兄弟、朋友，也即是人的价值只有在与他不可分割的系统中才能体现并实现。《论语·雍也》：“夫仁者，己欲立而立人，己欲达而达人。”“仁”是轻“小我”而重“大我”，作为一个社会人，只有摒弃“自我”才能立足于社会，如“敦睦和顺”“承先启后”“存忠义心行仗义事”等。第二，体现孝悌。《说文解字》这样解释：“善事父母者。从老省，从子，子承老也。”“孝”字写的就是老人与子女的关系。“百行孝为先”，传统认为，“孝”一是侍奉父母祖辈，二是尊祖敬宗，三是传宗接代。《孝经》：“夫孝，德之本也，教之所由生也……身体发肤，受之父母，不敢毁伤，孝之始也。立身行道，扬名于后世，以显父母，孝之终也。夫孝，始于事亲，中于事君，终于立身。”一个人只有孝敬父母，祭敬祖先，才能做好其他事情，社会才能和谐安定，向前发展。《论语·学而》：“弟子入则孝，出则悌，谨而信，泛爱众，而亲仁。行有余力，则以学文。”“君子务本，本立而道生。孝悌也者，其为仁之本欤。”潮人一向重视家庭伦常，以人伦为本，家庭讲求父慈子孝、兄友弟恭，世代传承孔子“入则孝，出则悌”遗训，如“孝弟忠信”“孝廉传家”“入孝出弟”等。从这些石门簪文字我们可以看到潮人对孝悌的遵从，这是人性本质的觉醒，自觉地以一种理想世界的人的标准来规范、引导自身的行为。

石门簪上的文字为家人、族人提供了这种方法，使其接受关于和经历、感受较少联系的观念，这并不是简单而盲目的接受，而且也要学会怎样通过个人的实践以社会公认的方式表现这些信仰。不同家庭、不同姓氏祠堂的石门簪文字反映了其家人、族群的观点，这些不同的文字纳入了同一社会结构，尽管文字不同，可表达的信仰是一致的，因而获得了整个社会的认可乃至遵循。它给人一种正确感，这就有极大的功效。

语言是人类思想的最主要表达工具，文字是人类复杂思维最简洁的表达途径，因而成为人类思想交流的文化行为。清代方形文字石门簪就毫无遮挡地把相关人群的政治、宗教、追求等淋漓尽致地表达出来，它把祖先的训示、现今在世的追求以及对未来后代的要求等表露无遗。从时间上说，几乎不受限制约束，另外，它也显示了文化在民间的传承保持与发扬。

（八）方形文字石门簪是潮州文人的成功作品

清初潮州文人对明代圆形花卉石门簪的摒弃，是持一种否定批判的态度，这既是当时文人的主观思想所决定的，更应该说是清初的社会环境而使然，这是历史的必然。清初社会经济发展，钟鼎彝品为文人所注重，文人对经典辨伪、文字音义研究蔚然成风，金文开始发达；诸大师为了“通经致用”，既治经史，也兼及金石。再者，清廷的高压政策、几次文字狱之后，文人为了明哲保身，大都不谈政治，潜心文字研究。大师们的好古观念及行为影响了一般的文人，同时对金石的研究也波及治印这项艺术形式，古文与治印均为文人所接受、推崇、参与，印章形制、篆刻文字被应用到石门簪上也就合情合理了。以花卉为主的明代圆形制石门簪被替换为印章方形制石门簪，这是对不合时宜的模式的革新，是对传统的某一程式的否定，但选取印章方形制不意味着对传统的否定。方形文字石门簪在短暂的一段时间里定型下来并产生长久的魅力，应该说它是有着先天的厚实基础才能如此轻易地被固化定型的，这也是文人艺术自信，骨子里积极入世思想的充分表现。《礼记·大学》：“古之欲明明德于天下者，先治其国；欲治其国者，先齐其家；欲齐其家者，先修其身；欲修其身者，先正其心……心正而后身修，身修而后家齐，家齐而后国治，国治而后天下平。”修身、齐家、治国、平天下体现了儒家积极入世的思想和务实的态度。可以看出，石门簪的文字始终是紧扣“儒”字选取的，文人们有意识地遵从一定的规则，不越雷池半步，自觉地囿于孔孟之道中。潮人近儒尊儒，与同处于岭南文化中的广府略有不同。原因如下：首先，历史上的几次大规模的北人南迁，这些人大部分是中原移民，先民受儒家思想影响深刻。其次，“十相谪潮”等，入潮的官员不少大力倡导儒家学说，大兴儒家教育，以儒家思想规范潮人的言行，儒家思想没有被本地的文化所同化，也没有因为年代久远而淡化，而是继续主宰着潮人的意识形态、价值取向。最后，由于潮地位于“省尾国角”，向外交通不大方便，儒家思想的原质内容较容易固存，不易受其他思想影响，传统文化达到根深蒂固的程度。在儒家思想的熏陶下，潮人显得聪明智慧、刻苦耐劳、崇尚忠义、履行孝道、注重人际关系的和谐、注重群体利益。

正因为潮人近儒尊儒，在生活中人们把尊师重教看成是理所当然的事，因而扩展开来尊重读书人，尊重有知识的文人也就十分普遍了。方形文字石门簪是文人创作的，它的成功除自身的美及教化功能对民众的吸引力外还有一个不可忽视的前提，那就是文人在平民百姓的心目中有较高的威望，这样也使老百姓更容易认可并接受。

（九）方形文字石门簪的使用具有厚实的社会基础

方形文字石门簪的产生、扩散和流传，必定有其广泛而坚实的社会根源、思想基础。

方形文字石门簪在圆形花卉石门簪的基础上发展演变，从隐晦含蓄的图像表达到开宗明义的文字书写，从家庭、宗族内部的训示到张于门上的开放信息的传递陈述，这应归功于社会环境。人们对文字内容的认可，乃至遵从，必定是有它的市场，有它的存在意义。人对图像与文字的理解还是有差别的，图像对不识字的人来说听了多次别人对它的解释之后就能理解，文字反而难度加大，可它仍大行其是，这说明识字的人很多，且整体文化水平还不低，毕竟这些文字大多是以篆书的形体出现的，这就要求设计参与者应是文人，欣赏观看者也应有一定的文化水平和对传统道德观念的认可。由是可见，清代方形文字石门簪是文人文化和大众文化相融合的产物，它得以普及，一方面依赖文人的参与，另一方面更是依存于大众有一定的文化基础，最主要的是它是一定的人群的信仰在现实中的明确表现。

（十）方形石门簪文字有助于对潮州民俗的研究

方形石门簪文字常用吉语有财丁、福寿、诗礼、诗礼传家、长命富贵、财丁富贵、财喜登门、联登科甲、千子万孙。这些吉语并非到了清代才被应用于饰物上的，在古代，陶器、青铜器、玉器上都可以看到吉祥类文字，在与石门簪形制相同的一些闲章中也能看到与此相同或相近的文字。由此而观，石门簪纹饰的吉祥类文字与古代文化是一脉相承的。

这些吉语从内容看可以分为三类：一是祥瑞类，表示吉祥如意的思想。二是福寿类，希望长生不老，永享富贵，“福”的内涵主要包括子孙繁盛、富裕和平安，“寿”指健康和长寿。三是财禄类，希望升官发财，主要包括地位（官）提升和获得财富，含有某种政治理想和经济观念。总的来说，吉语主要涵盖财富、地位和健康安全以及家族强盛，反映了清代潮州人民的幸福观，这是一种追求利益和享受的现世思想。

值得一提的是，清初出现了吉语和图案纹饰同时在石门簪上的现象。图案是通过象征意义来表达吉祥之意的，而文字是通过语义来表达吉祥意义的，这种既有图案又有文字的纹饰其关系是互为补充，表达更为透彻。

图3-11　潮安区

图3-11是方圆形制石门簪，文字为主要图案，四个角装饰了其他图案陪衬。左侧石门簪较清晰，可以看到，主要位置饰以文字“福”的变体，在阳线圆形之外的四个角再加饰四个次要图案，对“福”的内涵作了形象补充。以其中较容易看清楚的左上角纹饰来说，它是一枚钱币和绸练，钱币的形状为方孔圆币，这是自秦代始铸一直延续到清代所通用的钱币形状。钱币作为吉祥的象征有两种寓意：一是避邪（这是特制的钱币），二是表示吉祥和富贵（这是通用的钱币）。钱币作为吉祥的象征始于汉代，历史久远，因不属本文讨论范围所以在此不作探讨，这里要说的是从图中可以看出，在清初这种图文并茂的石门簪在意义表达上更加形象而全面。可以说，它是民间艺术与文人思想、审美、技艺的有机结合体。

自古至今，有两种观念一直得到重视，一是对于祈福纳吉的生存观念，二是对于子孙繁衍的传宗接代的生殖观念。这种生存和发展的观念深深地浸透在清代石门簪的文字纹饰上。

这些吉语不仅伴随着历史发展而生存、演变，而且它以其特有的内涵反映了各个历史时期的社会生活、文化风尚和人们的精神面貌等。通过对清代石门簪纹饰吉语文字的了解研究，我们似乎可以从时间隧道穿越回清代粤东地区，观察那时的社会风貌，这对民俗研究来说具有一定的价值意义。

至于庙宇石门簪吉语文字也应提及一下，这类石门簪在调查过程中只是偶有采集，其吉语有“合社平安”“风调雨顺”“国泰民安”等。这类吉语主要集中在对社会的终极意义的幸福观念的表达上，归纳起来主要有两类：一是有关社群的，二是有关国家民族的。

这类吉语既重视社群，也重视社会；既重视私德，也重视公德；既重视纵的伦理，也重视横的伦理，强调了个人（和社群）对他人、社会和国家的义务，其核心是人伦为本，注重人事。

有关社会道德方面的内容在此不作赘述，只以石门簪纹饰文字的“千子万孙”为例说一说个人对家庭、宗族的责任。“千子万孙”是基于人的自我保存本能提出来的，求取继承的后嗣是将保存自我的本能客观化的唯一方法。在石门簪上明确向家人、族人提出“千子万孙”的愿望或要求，这也是家人、族人孝行与崇祖精神的具体化，是伦理主义最突出的表现方式。

总的来说，宗祠、民居、庙宇石门簪吉语具有积极入世的特点和对理想的追求，它既是潮人的生活信条，也是潮州文人积极入世的良好愿望的充分表现。当然，这种积极入世的务实态度对文人来说是一种良好的愿望，可对一般民众而言，充其量不过是对文化传承的被动接受。

在今天，这种以家庭关系为依托的宗法制度，以人伦关系为经纬的人格、政治和道德法理，以三纲五常、孝悌、仁亲为核心的思想文化体系，还影响着广大农村，这些观点有的还被放于不恰当的地位。

清代祠堂大都有方形文字石门簪，而民居却并非如此。为什么呢？祠堂的石门簪文字内容看起来是表达了整个氏族的意愿，其实并非如此，它只不过是把持着这个宗族的族长、长老们极少数人的观念体现。从一定程度上来说，族众并不那么在意，只是它还是能适应民众集体心理的需要因而得到了族众的认可，并稳定下来，进而约定俗成，从而具有了不成文的强制或约束力。而当某一居民建造自己居住的房屋时，他会对自身的追求更为关切，这在选择石门簪文字内容方面会花更多的心思，即使他是一个不识半字的人。正因如此，民居石门簪文字的内容更能满足个人的需求，更好地表达了个人意愿，因而也就显得更接地气。如“福寿”“长命富贵”“富贵财丁”等。对于底层百姓，由于其政治、经济、文化等条件的限制，对儒家思想的认识、认可程度相对来说要低得多，因而方形文字石门簪对他们来说则只是打扮脸面的装饰，对文字内容并不会那么在意，甚则不会把石门簪看成是非要不可的事，所以石门簪上的文字更是以通俗为主。

（十一）方形文字石门簪起到了文化媒介的作用

毋庸置疑，达官贵人和底层百姓是存在着“文化差距”的，方形文字石门簪的出现起到了协调相互冲突价值观的作用，它是一个出色的“媒介”。上层建筑与经济基础相匹配，自汉以来，儒家思想成了统治中国的主导思想，相对而言在政治上、经济上、地位上更高的人更认可接受它。“入孝出弟”宣扬的是儒家学说，对一般老百姓而言，他们所知道的体现儒家哲学思想的语录非常少，更不要说整个思想体系了，可当它被雕刻在门框上，每天出入家门时抬头举目即可见到，它的有效宣传就很容易被老百姓认可。

石门簪的文字内容能满足每一个人的需要，反映其美好愿望，具有社会的一致性，因而研究这些文字内容是十分有趣的。在当代社会，平等是受到高度赞扬的观念，但在清代，社会分层还是非常明显的，不平等深深植根于政治、经济活动的进程中，在民居建筑中，达官贵人可极尽奢侈，门楼装饰得富丽堂皇，能够盖起房子的普通百姓尽管经济上他没有能力像富贵人家一样装扮门楼，可在石门框上他可以跟他们一样拥有同样的石门簪，表达同样的美好意愿。不同阶层的人可拥有平等的尊重，这可以说在特定的社会中不同的人群他们的意识可以是没有差异或差异很小。正因如此，石门簪文字内容被迅速模仿，得以扩展，从中也可以看出在某一区域内人与人之间的连接关系。《马克思恩格斯全集》："社会不是由个人构成，而是表示这些个人彼此发生的那些联系和关系的总和。"由于物质资料拥有处在相同或相近的水平，他们的价值取向和理想因而相同或相近，因而某些文字内容就很容易被同一人群所接受。

但是并非所有的石门簪文字都是社会上人们认可且已使用的，其中也有比较独特的，有的民居主人别出心裁地设计了社会上还没有通用的文字，如"诒燕"等。"诒燕"语出《诗经·大雅·文王有声》："诒厥孙谋，以燕翼子。""诒燕"就是指为子孙妥善谋划，使子孙安乐。类似的吉语没有在社会上流行，只是偶尔能见到一二，当然这类民居的主人大都应是官员文人之类的高级知识分子。

（十二）方形文字石门簪与社会影响

当有人在门户上设置了方形文字石门簪后，其创作者或使用者是如何去直接说服影响他人也使用的呢？可以说，这种假设是不成立的，但事实却是，方形文字石门簪在潮州府城扩布开去了，并在清代200多年中流传下来。这种影响是有一定途径的，主要有两个方面：一是群体方面，其途径：祠堂—官宦士绅府第—富庶人家—普通民众居室。二是区域方面，其途径：州府所在地—发达乡镇—乡村。还有就是时间的作用了。是否可以这么说，处在潮州这一区域中潮人的思想、态度以及其他的主观意识等对其行为一定会产生不少的影响，具有共同（或相近）的背景和兴趣等使第一例方形文字石门簪出现之后，在同一区域内多次出现成为必然。在这里不能说潮人"随波逐流"或意志薄弱，容易受人蛊惑，这是典型的"社会影响"的结果。要理解这种情况，就得对清初以及整个清代潮州社会有较充分细致的认识，因为这种情境因素对清初以及整个清代的潮人有着相当大的影响。正如Ross与Sumuels（1993）所指出的："这种社会情境中乍看是不重要的细节，对人们的行为却具有强大影响力，甚至超过人格的影响。”这里还涉及“图式”的问题，房屋的主人在采用方形文字石门簪这件事上应该还有自身关于他人方形文字石门簪的心理结构，它影响了他注意思考和识记的信息。他人的方形文字石门簪的美观、获得人们的普遍赞赏、其主人的地位显赫等，每种图式都包含了要采用它的知识和印象，这种将先前的经验相联系的自动化让房屋的主人拿定了主意：跟某人一样设置一样的方形文字石门簪。

（十三）城镇和乡村在方形文字石门簪使用方面的差异

相较于乡村，现在所看到的城镇方形文字石门簪要少很多，这一现象反映了城乡在政治、经济、文化等方面的差异，也反映了城镇居民和乡村农民的心理和意识差异，从中不难看出城镇居民的文化心态已发生了较大的变化。可以说，这是社会变迁的必然结果。

城镇形成过程中最明显的特征就是商贸活动日益频繁、人流不断增大；在潮州府城，人们凭借环境条件的优越能获取更大的利益。一方面，生活在车马喧嚣的城镇居民，人口流动性较大，新的人群的融入，原族群被稀释以至打散；商品交易的频繁逐渐形成新的人际关系；人们获取信息的渠道多、面广，为了生存锻炼了筛选信息的能力，从而形成较强的独立人格意识。在这种背景下，人们的盲从性较弱，较多地成为“我行我素”的社会人。同时由于人口流动等原因，势必与传统的居住习俗产生矛盾，人们不再受制于原宗族，且没有某一紧密团体对其产生高强度的影响，此时周围邻里在情感等方面对其接近的程度也很低，此刻不顺从群体规范性已成为可能，因而要不要设置方形文字石门簪就全凭个体的好恶了，这势必出现不设置的比率远高于乡村的情况。另一方面，外来的新的建筑模式从出现到成为时尚，很快动摇了本土文化的根基，并为放弃方形文字石门簪而采用新模式提供了解释的理由。这也反映了人们在社会生活方面所持的不同取向，从遵从习俗趋向追逐时尚文化心理的位移。这实际上显示了社会发展变革引起的观念和行为的更新。

“人类最普遍的适应类型是新行为的发展”，从整体上说，方形文字石门簪被传播、传承，由一人而百人，继而子子孙孙，这种行为适应的模式构成了潮州文化的基础。

明清时期，潮州府下辖九县：海阳县、潮阳县、揭阳县、饶平县、普宁县、惠来县、澄海县、大埔县、丰顺县，府治在潮州。在清初，潮州府城有几十座祠堂和大量的府第，这些建筑物具有较高的建筑艺术水平，是各县、乡特别是府城周边民间建筑的模范。某一祠堂或大户人家的建造者由于有了文人的参与，在石门斗上，门簪的形制和纹饰从秦汉的瓦当和印玺中获得了灵感，创新出方形文字石门簪。新的形制、新的纹饰在审美上给人以新的视觉冲击，且文字内容与当时的潮人心理需求和价值观念产生强烈共鸣，因而十分容易地被潮人认可接受。潮州府城是潮州的政治、经济、文化中心，对各县、乡具有很强的影响力，因而便迅猛地向周边辐射扩散，乡下的人们也争相仿效，方形文字石门簪便也流行起来并成为一种习惯。

就方形文字石门簪扩散一事，还可以讨论潮州人的关系网问题。社会事务是通过网络的形式展开的，“网络是由节点和连线构成，表示诸多对象及其相互联系”，由于府城处于全潮州的政治、经济、文化的中心位置，是网络的中心，且府城多大宗祠和大户人家，具有惯常的优势，影响力强大，因而容易通过各种渠道影响潮州大地，在这个扩散过程中人发挥了关键作用。从方形文字石门簪横向传播速度之快，似乎可以看到远在400多年前，它正是借助这张密度大、覆盖面积广的网络扩散到整个潮州的。潮人注重人脉的作用并实践它，至今仍被世人称道。

清初方形文字石门簪从潮州府城向周边扩散。在潮州府城，即使原有的自然经济被弱化，可在州府所在地，贵族官僚势力仍占据主要地位，这样就出现了与商品经济相关的建筑兴建而原有的老建筑模式仍存，两者杂居并存。

在乡村，人们世世代代生活在一起，处在一个社会经济、社会结构相对稳定的社会环境中，人口流动小，生活的空间微波不兴，几乎是处在同一民俗文化氛围中，对其中的每一个人或人群的情况都谙熟于胸，视野相对狭窄，从众意识相对较强，对新事物缺乏敏感性，兴趣淡漠，习惯于尊重习俗，重视传统。在这个氛围中，村民往往以自己和他人的关系来定义自我，并认识到自己的行为经常受到别人想法、感受及行动的左右，这种相互依存的自我观促使人们大多还是沿用方形文字石门簪的老一套。从这种趋同现象可以看到不可忽视的自我观和强大的民俗习惯势力。

（十四）从方形文字石门簪还可了解“熟悉”力量的强大

方形文字石门簪给人“熟悉”的感觉：其一，印玺式；其二，吉语、儒家语录；其三，视觉效果。这些典型、熟悉的东西令人惊讶，对人们具有强大的吸引力。这种“熟悉”使人们觉得它是美的，而“美的即是好的”又促使人们去模仿它。

（十五）从方形文字石门簪能具体认识团体自决的社会心理

西方文化强调个体自决，而儒家文化则强调团体自决，在这方面潮人表现得十分彻底，不管是在当今社会还是在清代方形文字石门簪这一细小物象上都是如此的。团体自决即集体主义，它强调团体成员身份、相互依存以及对团体规范的服从，具有这种特质的潮人因而偏好情境归因，当周围的团体成员都设置了方形文字石门簪，其情境影响了他的行为，尽管他不懂方形石门簪文字内容的意思，甚至一个字也不认识，他也设置了方形文字石门簪。从社会心理角度看，他只是做出与周围团体成员相同的行为来获得他们的认可，同时也显示自我提升性，对自己当前的状态感觉良好。这是很有趣的潮人心理现象。

可以这么说，方形文字石门簪的设置非常突出地反映了潮人的从众心理和行为。某一人家设置了方形文字石门簪，这个决定真的是他自己的想法还是别人的行为促使他做这样的决定呢？社会心理学告诉我们，当一个人处在相应的社会环境中就会做出惊人的从众行为，正因为潮人的竞相模仿，从众效应的推波助澜使方形文字石门簪在短短的几十年间便风靡潮州大地，就此可看到“潮州人赶伙”“鸭团跳东司，一只缀一只”的从众行为，但也表现了潮人具有强大的向心力和凝聚力。

再者，建造房屋，不管是祠堂还是民居，对主人来说是一项重要的事情。在这方面，周围人的行为成为其反映的线索，于是决定以类似的方式行动。这时，他将别人作为信息的来源，相信其他人的言行是正确的因而顺从他人的行为；也有的人可能是因为不愿意被嘲笑或因为与众不同而受到非议。在潮州，一个与众不同甚至格格不入的人是难以立足于社会的。潮州人的从众是基于集体文化的，他们比较重视规范性的社会影响，从众行为从某个角度看其实表现了他们的老练和明智。潮人具有明显的“去个体化”心理，即不愿意做“出头鸟”，特立独行者甚少，习惯淹没在人群之中而让他人难以辨认，以规避麻烦。也正因为这样，在潮州的现实生活中经常出现某人一夜之间被社会所认识的情况，此人隐身于群体之内，行为不被他人关注，当行为规范的限制放松而导致自己的行为解放，因而“一鸣惊人”。在高重要性的条件下潮人更容易从众，人们对高重要性事情的处置情况更容易成为人们关注的焦点，所以对主人来说更有“把事情做好”的动机，这时主人更容易受信息性社会影响。一般地说，被模仿者具有高地位时更容易显示其范本价值，更容易显示其信息性社会影响的正效应。在此情况下，从众行为几乎是理所当然的事情。

潮人普遍使用方形文字石门簪是一种从众行为，反映了潮人希望得到团体的认可接纳的突出心态，个体为了得到众人的喜爱和接纳，而不至于陷入困境或者遭到排斥因而从众。同时意味着潮人大都遵守团体关于可接受的行为、价值和信念的内隐规则。这样，规范性社会影响在潮州就大行其是了，可以这样说，潮人追求既成形制的方形文字石门簪，即使它有大小尺寸、精致程度、内容雅野的不同，可它是潮州文化所认同的，历经清代200多年而没有被其他形制所替代。

可见，潮人注重集体、群体的作用，周围的环境对个人的影响重大，“潮州人赶伙”“鸭团跳东司，一只缀一只”，究其原因，是一个人的外部环境对他产生了极大的影响力，因而产生了一致性，从而“随波逐流”。

当然在“随波逐流”中也会出现特立独行的人。在广大农村中，从众是普遍现象，特立独行者甚少，且往往会招来周边人群的非议。“华德诒燕”之类就突破了群体性的制约，是“自我”模式的彰显，是独立人格的外化。当然其实质仍没有超出儒家学说的范本。处在某种民俗文化中的“个体”还是具有社会性的，这种特性使他在一些方面与他人的职业、地位、经济的密切关系中，正是他的高级别使其价值取向偏向个人本位，在某些问题上能有颇具个性的见解和行为。

（十六）关于小区域方形文字石门簪使用的典型例子

1. 龙湖寨

龙湖寨是潮安区龙湖镇的一个乡村，其建筑群为广东省文物保护单位。笔者对龙湖寨直街石门簪作了较细致的调查。

清康熙年间，龙湖寨免内迁，没有受到清廷海禁的影响，因而康熙海禁年间及之前建造的祠堂和民居得以基本保留下来。调查中，笔者发现，在直街有不少没有设置石门簪的房屋，这些房屋基本用作商业贸易的店铺，大都不设置石门斗。从这里可以看出，商业贸易与设置石门簪构成负相关，且具有因果关系。

龙湖寨古称塘湖寨，北距潮州市区16公里；村内建成三街六巷，至今仍可看到明清老屋或建筑构件，可三街六巷的状况是不平衡的。就调查所见，直街作为主要街道，由于受到地理条件的限制，民居、祠堂大多没有宽广的横向设计，而是采用纵轴模式向深处发展；直街的老屋及石门簪所占件数远没有其他从巷多，整条街道共有328个屋门，其中有明代石门簪4对，清代石门簪44对，有石门簪的屋门占比为14.6%；而连接直街的从街，其明清石门簪数量远超这个比例。为什么会出现这种情况？这不是今天才存在的，而是在几百年中逐渐变化形成的，也即是说，今天的风貌是不停地变化而来的。其实，这跟龙湖寨的商业发展大有关系。龙湖寨紧靠韩江，是水上运输的一个重要转运点，直街由此发展了商业贸易，经营有杉木、柴炭、贝灰及粮食等，在这条1.5公里的长街上，几乎没有一个空的铺位。为了方便商业贸易，广开铺面，这势必影响传统的潮式建筑的门户设置。从这一点不难看出潮人重商的性格，调查中发现，现在铺户的祖先有的是本寨的农民，他们放弃了原本的农业生产，把住房改建为店铺，有的是这里成为贸易集市后从外地加入商贸活动的。中国传统文化历来是重农抑商，到了清初这种价值观在潮州已没有什么市场；清乾隆《潮州府志》：“商贾辐辏，海船云集”，“自省会外，潮郡为大”。潮州府城以至枫溪、庵埠等已成商业重镇，众多潮人离开土地从事商业贸易与手工业，并获得成功，潮人善于做生意至今仍被人称道。这种商业性的社会取向深深地影响着潮人的价值取向和民俗文化。屈大均《广东新语》：“今之官于东粤者，无分大小，率务腹民以自封……于是民之贾十三，而官之贾十七。”“儒从商者为数众多。”“农者以拙业力苦利微，辄弃耒耜而从之。”由此可看出潮州不分官家、文人还是农民皆积极从商，商业贸易活跃。一方面，儒家文化仍处于统治地位；另一方面，儒家“君子谋道不谋利”的观念到了清初却进一步弱化。同时我们也看到，面对利益的巨大诱惑，潮人也不是无休止地摈弃传统文化，他们还是选择了一个折中的办法，即只改造老屋而不动祠堂（只有个别是20世纪50年代以后对私改造导致的）。为什么没有把祠堂改建为店铺？在这里，笔者将从两个方面解释：第一，龙湖寨人遵守着农村的传统，继续保持着原来的血缘关系，默认着宗亲的作用，他们把宗教礼法置于不可侵犯的崇高位置，当与之发生矛盾不可调和时都无条件退让。从这里也可以看出，在潮人的心目中，屋舍与祠堂还是有明显差异的。方形文字石门簪的使用不可避免地受到了房屋所处的社会环境的强力影响，当活跃的商贸活动冲击村落时，传统居住环境就会受到破坏，只有宗法礼教还有足够的力量与之抗衡，而一般的生活方式就节节溃败，被取而代之了。第二，这里还牵涉到所有制的问题，居舍属于私人财产，而祠堂却是族众的共同财产，有的还拥有族田或其他物产，这样集体权利的程度是很高的，每个成员名义上都享有财产的拥有权，涉及众人的问题也是难以被替代的原因之一。

从掌握的材料看，龙湖人把直街开辟为贸易集市表明了他们的自觉战略目标，他们的这种行为不可避免地带来了一系列后果。第一，住宅改建为店铺；第二，一部分龙湖人弃农从商；第三，集市贸易带来了外地生产的商品，丰富了日常生活，同时也带来了某些新的生产技术（如书册糕、酥糖的制作等）；第四，一部分龙湖人获得比务农更可观的利益，从而有更大的资金投入到龙湖的文化教育中。

总的来说，石门簪的继续使用在很大程度上取决于社会的影响，面对新的社会模式的冲击，在社会变革中龙湖寨直街的人们拆掉传统的民居建筑，改建为从事贸易的店铺，这应该说是他们对新的社会模式的主动适应。人类在一个特定的区域中可开发的东西越多就越会改变居住地的生态系统，龙湖直街成了一个缩小版的城市化社会。根据直街目前的状况看，由于商业贸易继续，当代人对方形文字石门簪认识的弱化等，方形文字石门簪不仅不会恢复到与其他六巷的一样，甚至将会更少。这或许是历史的必然。是否可以认为，当人类为了生存或生活得更好，可以牺牲传统文化中人们认为是值得保存的东西时，人们也应该反思，特别是当政者，在发展经济的同时也要保护好历史文物，尽管这要付出不少的代价。

2. 象埔寨

潮安区古巷镇象埔寨是广东省文物保护单位。象埔寨建于北宋年间，面积超过2.5万平方米，三街六巷，72座府第，主姓陈。可以说，它是汉晋时“一宗将万室，烟火相接，比屋而居”的“坞壁”在潮州的重现。在对象埔寨建筑物的调查中，笔者一共获取了25对明清石门簪，其中有8对是明代的，17对是清代的。清代方形石门簪文字内容为：财登科甲（1对）、财丁贵寿（1对）、福寿（2对）、光前裕后（3对）、累代簪缨（1对）、禄全寿全（2对）、千子万孙（2对）、诗礼（1对）、孝廉传家（3对）、富贵寿全（1对）。

3. 甲第巷

甲第巷是国内罕见的原生态古宅区，当今国内十大名巷之一。甲第巷曾经是潮州地方权贵、名门望族和成功商贾居住的地方。巷长近200米，有明清宅院几十座，其中有两座民居是国家级文物保护单位。这些宅院外面普通平常，庭院内却别有洞天。门楼墙体上或书写文字，或绘画民间传说和神话故事，有的还出自名人之手。甲第巷共有屋门53个，其中石门框48个，有石门簪29对；这29对石门簪中清代以前13对，民国以后的16对。尽管这条巷保留了大量的古民居，可清代的石门簪却不多，从这也可以看到在城市化强有力的冲击下传统的东西显得弱不禁风。

（十七）一座建筑物多个门的方形石门簪的文字

整座建筑物，不管是祠堂、民居或其他，多个门的石门簪文字内容又是怎样的？下面略为举例。

在祠堂的“三山门”中，三个门的石门簪文字各不相同，如图3-12所示：

图3-12　潮安区沙溪镇南陇村

图3-12中主门为“诗礼”，右旁门是“入孝出弟”，左旁门是“光前裕后”，文字内容从不同角度体现了儒家思想。

下面图3-13、3-14、3-15是一处民居大门和两个旁门的石门簪。

图3-13中主门为“千子万孙”，图3-14右旁门为“财丁贵寿”，图3-15左旁门为“福禄寿全”，文字内容反映了民居主人对理想生活的自我追求。

民居建筑中有不少门楼的门有石门簪，里屋的门也有石门簪，其中有的是同时建造的，有的是先后建起来的，通过现存的石门簪能够从中发现端倪。

图3-13　潮安区彩塘镇华美村

图3-14　潮安区彩塘镇华美村

图3-15　潮安区彩塘镇华美村

图3-16和图3-17是同一座房屋门楼和里屋的石门簪，它们的形制和纹饰都不相同，图3-16是里屋的晚明圆形牡丹花石门簪，图3-17是门楼的清初方形文字“福寿”石门簪；门楼是清代扩建的，明显留下了时代的痕迹，采用了方形文字石门簪。

图3-18、3-19也是同一座房屋的两处石门簪，图3-18是门楼的石门簪，约建于清中后期，迟于主建筑；图3-19是里屋大门的石门簪，就形制看房屋应该是建于清雍正时期的，石门簪的文字都是“福寿”。

图3-16　潮安区庵埠镇凤岐村

图3-17　潮安区庵埠镇凤岐村

图3-18　潮安区东凤镇仙桥村

图3-19　潮安区东凤镇仙桥村

（十八）方形石门簪文字内容有不少还与门匾相呼应

门匾，《说文解字》：“扁，署也，从户册。户册者，署门户之文也。”题上文字的门匾悬挂在门楣上面，作为居室的标记，门匾表达了一定的义理或情感，起着装饰的作用，很能体现中国传统文化。形式上，门匾上的书法和辞章给人以美的享受；内容上，言简意赅地展示了社会政治文化。门匾因内容不同意义又有所不同：其一，不忘根本，承载晋唐遗风，如“颍川世家”（陈）、“高阳世家”（许）、“江夏世家”（黄）。其二，借祖德宗功或主人官阶光耀门庭，如“奉政第”“大夫第”“儒林第”。其三，体现儒家教化，如“礼门”“义路”“思斋”。其四，吉祥语，如“延福”“寿里”“万顺”。石门簪的文字内容与之呼应，相得益彰。

图3-20　潮安区彩塘镇华美村

图3-21　潮安区龙湖镇龙湖寨（乾隆年间）

图3-22　潮安区金石镇仙都村（康熙年间）

图3-20门匾题“吴兴旧家”，这是沈姓人家的大门，表明了祖脉渊源，表达了后代不忘根本之情，石门簪“财丁富贵”在告知世人并祈求未来的同时，也告慰了列祖列宗。图3-21在匾额“儒林第”下石门簪“祖德光前　孙谋裕后”彰显了“儒林”对先祖和后代的承接作用。图3-22门匾“甲第先声”，石门簪“诗礼”，这告诉人们，能“甲第先声”的原因是尊崇并践行了“诗礼”。

（十九）有的闾里石门框也设置了石门簪

潮州的居民住区有的还设立了闾里门，并且有的也设置了石门簪。《史记·万石君传》：“入里门，趋至家。”先进里门，再进家门。《汉书·于定国传》：“小高大闾门，令容驷马高盖车。我治狱多阴德，未尝有所冤，子孙必有兴者。”能通过驷马高盖车，真是大闾高门了。潮州的街巷石门框有很多都有石门簪，其制式与房屋的石门簪相同，这里就不再赘述了。

（二十）在方形石门簪文字设置方面潮州文人发挥了不可替代的作用

一座新建的祠堂或民居要在大门配上一对方形文字石门簪，几乎没有任何麻烦，上文提到它是文人的成功作品，本小节再着重谈一谈潮州的文人。在潮州能够完成这一任务的文人很多，且每一个文人都有途径与其他文人相互关联着，甚至他们都是某个文人小团体的成员。因此，当一座祠堂需要设计一对方形文字石门簪时，建造者都知道应到哪里获取。即使一时间不能直接联系到设计者，也可以通过建筑工匠代为寻找，甚至工匠手中就有相关的图案提供选择。

明清两代，潮州不少读书人考取了功名，前文已经提到，据今人学者统计，整个清代潮州共考中进士145人。我们知道，金榜题名的读书人毕竟只是少数，更多的读书人经过十年寒窗，最后是名落孙山。这些考不上科举的，或官场失意的，大多混迹江湖或归隐山林，他们或成了私塾先生，或为账房先生，或当戏班先生，甚或干起樵夫农叟的粗活。可不管从事何种职业，其文人墨客的身份依然不变。明清以来，文人墨客在潮州的建筑物，特别是祠堂中舞文弄墨是常见的。在题额、堂联、门楼上题写的大多留下了名号，如广东省文物保护单位潮安区龙湖镇龙湖寨夏厝巷中段的许氏六世祖祠的门楼匾额“许氏宗祠”四字为明代潮州大儒书法家吴殿邦所书，字体秀丽，运笔有力，正如金石家翁方纲所评的“遒逸绝伦”；潮安区彩塘镇水美村的“少卿第”是明代文状元林大钦所书；潮安区庵埠镇官路村的“张氏家庙”为明代兵部尚书翁万达所书。而在方形文字石门簪这处特殊位置，绝不可能留有题写者的名号的，我们只能就其内容和字体推断它出自文人墨客之手，笔者相信，这些文字应该不是不识字的工匠所能创作出来的。题额、堂联有题上名号的，也有匿名的，而方形文字石门簪没有一例有看到创作者的名号，这与这个时期印玺的创作有所不同，有不少印玺有边款，刻上了创作者的名号。方形文字石门簪没有刻上创作者的名号，笔者认为有如下两方面的原因：其一，石门簪自身面积（或体积）的限制，石门簪大多20厘米至30厘米，高1厘米至10厘米，方框里已刻满文字，在这么小的地方已没有余地可再刻上创作者名号了；旁边即使还有空处刻上创作者名号，也显得很细小，作用不大。其二，石门簪属于较为程式化的装饰，尽管它位于显露之处，严肃而不可亵玩，可毕竟还是大众化的，没有题额、堂联那样的文人气，因而创作的文人也就不留名号了。

人的心理是浸透在他的思想、情感和行为中的，这是看不见摸不着的，只有在某个特殊节点上才能让他人较为清楚地发现，他身上被掩盖的本心会自觉或不自觉地流露出来。在明亡清兴之际，朝代更替，社会突变，文人的心理活动也随之暗潮涌起，波浪澎湃。明代的遗老遗少原本还期待兴王复辟，无奈理想迟迟不实现，希望逐渐黯淡，故转而研究古经籍。对经典和金石的研究，无形中成全了文人在方形文字石门簪方面的创作。

文人曾一度是掌管天命与先祖全部奥秘与智慧的特殊人员，后来则是对传统礼节文化与伦理秩序最熟悉的社会阶层，因而他们的言行很大程度上来自权威的经典文化。他们对民俗文化有很大的改造力，有意无意地将文人文化推行到民俗文化中去。清初文人对知识的追求、个性的解放，促使他们开辟新的境界，这是文人个性的觉醒，他们要求自己从传统中解放出来，所以要打破传统。可他们又是矛盾的，既要进步，又想安定；既喜新，又念旧。所以在参与建筑的创作中，他们继续保留了石门簪，而又改变了它的形制和纹饰。

文人墨客仕途受阻，人身沉沦，无奈从事谋生度日的职业，他们一方面想远离官场，不参与政治，另一方面又不甘寂寞、真正归隐，在内心深处，这些读书人的家国情怀仍跃动不息。明末清初，中原哲学失落，意识形态受到冲击，值此之际，文人深切反省，提倡经史实用之学，顺理成章地，方形文字石门簪成了他们中兴经学的一处小阵地。正因为他们对“修身，齐家，治国，平天下”的信念仍强烈地执着着，挥之不去，压之不灭，丝毫没有放弃的迹象，他们一旦觉醒，就以重新确立统一的主流意识为己任。这种独特的主体心理促使他们在石门簪上尽力表现，表达自己的思想意识、政治志向等。石门簪上的这些文字具有较强的社会功利性，而这种社会功利性与潮人密切联系，甚至高度重叠在一起。在历史中，拥有这种矛盾心理的文人不乏其人，晋陶渊明归隐山野，超然世外，即使认为：“人生归有道，衣食固其端。孰是都不管，而以求自安。”可他还是心系江湖，情倾世人，内心依然悲苦：“白日沦西河，素月出东岭。遥遥万里辉，荡荡空中景。……欲言无予和，挥杯劝孤影。日月掷人去，有志不获骋。念此怀悲凄，终晓不能静。”文人是人在江湖，心不宁静。清初，落魄文人参与了建筑工程，他们从传统文化中的瓦当和印玺中获得了创作灵感，便适时地利用自己的长处执笔操刀，在两枚石门簪上做起文章来。在这里有必要说明一下，这应该只是他们的业余创作，他们并不是专职的设计者。实际上，工匠才是专业的，文人创作文字纹饰图案，并没有形成职业化。另外，还得说明，尽管方形文字石门簪的创作是某一文人的作为，所倡导的是零碎的、分散的，但只要把这一个个似乎各自独立的东西汇集在一起，就可以明显地看出他们的共同倾向、共同理想。正是由于方形文字石门簪能更好地服务祠堂，从而获得了道德价值。这已不是某个文人的个别主张，是在清初这一特殊社会条件中具有共同社会意识的文人的政治表现，因而很快有了一个又一个、一批又一批的追随者。这种由个体创设而能满足特定环境中人们的需要的饱含智慧的物象便成为独特的文化，方形文字石门簪就这样迅速地融合进了潮州文化之中。这是文化的“个体决定导致群体适应”。反过来，第一个标新立异创作方形文字石门簪的文人，或许是他聚来灵感，当他的作品出现在某一祠堂或豪宅的大门之上时，一对似曾相识的石门簪马上吸引了人们的目光，人们赞赏有加。之后，一群文人积极参与，共同努力，并坚持下来，方形文字石门簪便在潮州大地风行开来。但可以肯定地说，它的扩散、流行一定不是某个文人或集团的倡导和强力推进就能做得到的，而是由政治、经济、文化等社会环境造成的，是由潮人的需要决定的。方形文字石门簪从潮州府城向周边扩散，从清初向晚清流传，在这过程中，更多的文人加入了这一创作队伍，在不知不觉中方形文字石门簪成了文人的集体作品。今天，我们还可以想象一下当时潮州的文人应该是彼此欣赏、帮衬、支持的，似乎不存在“文人相轻”的事态。

石门簪上尽管只有寥寥几个字，可宣扬的是儒家教化，祈求的是和合美满，既表达了自己的志愿，也从心理上与平民百姓拉近了距离，从而使文人的文化心态与老百姓进一步融合。在这里再顺带说一下，孔子在清代具有前所未有的地位，清三代时把他推尊于释之上，统治者继续利用儒家思想作为“德化”工具来统治人民，同时儒家思想在潮人中仍是主流意识，潮人用儒家思想来管理家庭、家族乃至社会是民心归趋之事。而由于清朝统治者非汉族，所以统治者亦不让汉人讲民族大义，因而屡兴文字狱。文人一方面不敢昂首伸眉论述真正的“理”之是非，只好埋头于文献之中；他们觉得要“经世致用”，首先要明道；这样经典就正好成了文人创作方形石门簪所引用、化用的素材了。另一方面，石门簪上的“诗书礼乐”“联登科甲”“诗礼传家　文章华国”，看起来只是为建筑服务，为了“门面”的装饰，实际上是通过鼓吹儒家思想道德，继承先祖美德，向往幸福生活，以此来表达对统治者的不满、抗争。笔者认为，这决不仅仅是文人个体的舞文弄墨，而是宣泄不满的喉舌，是表现抗争的枪矛。说到这一点，或许有人会问：文人当时的创作意识真的是这样吗？当然，或许部分文人创作时的目的并不是这样，或并不明确（只是装饰“门面”而已），他们倡导的东西表面上看起来还是“循规蹈矩”的，其不满、抗争只是隐含在表面之下，只是又刚好与清朝统治者为统治汉人而继续借用儒家思想治理国家相应，因而也就让人难以察觉了。

正是文人的参与，才促使潮州民间艺术显得更精致文雅；方形文字石门簪正如前文所说，它具有文人化的特点，给人朴素淡雅的书卷气，不追求豪华富丽的气派，是文人高雅的审美趣味追求。由于石门簪文字不少是欢乐吉祥的，向往幸福美满生活的，关心的是普通老百姓家庭财富、福禄、子孙、寿命等问题，其文字可以说是纯粹的民间语言，通俗易懂，应该说它又具有俗文化的特点。同时它还具有官文化的特点，方形石门簪的文字引经据典，来自儒家文化，而这就是统治者统治百姓的法宝，体现了政治和权力的意识。三种文化融于一体，文人侧重形式，而内容方面统治者和老百姓各有所述，人们喜闻乐见，足见它的扩布和流传是一种必然之事。

（二十一）方形文字石门簪在潮州具有广泛的共同性

方形石门簪的纹饰文字是文人创作的，但并不等于方形文字石门簪纯粹是文人产物，工匠的雕刻是对图案的再创作，使之成为更有审美价值的艺术品。所以严格地说，方形文字石门簪的创作者和传承者是广大潮人，这一点是肯定的。此外，方形文字石门簪这一建筑装饰品是整个潮州社会中每一个社会人都有的，并不是贵族社会所有的，官宦人家、富豪贵族的大门有一对方形文字石门簪，平民百姓、社会底层的门户也能雕刻上它。尽管阶层不同其文字内容及精美程度不同，但仍是实实在在的一对方形文字石门簪，所以说它在潮州这一区域内具有广泛的共同性。从政治的角度说，它应该是属于平民文化的。

不同地域、不同时期、不同姓氏的祠堂或民居采用相同的方形石门簪，且雕刻上相同的文字，从中可以发现两个问题：其一，具有相同的文化基础。虽然财富的集中、贫富的悬殊导致了阶级间的分化日益扩大，可同处潮地，交流日益便捷又使彼此间的文化差异大为缩小，甚至趋于统一。其二，潮州文化不断增强的这种一致性也是潮州社会向前发展的直接产物。物流和人流的增大使潮州地理上的壁垒被逐渐形成的新的经济模式所打破，人们生活的环境状况乃至思维模式变得日益相似。正因如此，方形文字石门簪的存在面广时长。

六　方形文字石门簪的艺术价值

方形文字石门簪大的可达30厘米，一般在20厘米左右。整体而言，清代石门簪的精致程度比明代高，清康熙、雍正、乾隆三朝的比后期精致，更有欣赏价值。如图3-23和图3-24。

明清石门簪的纹饰在整个石门斗中有时独立使用，有时与其他门饰相配合，在意义上构成或呼应、或解释、或补充的关系。在明代前期和中期，石门簪一般是单独设置，从明末至整个清代，它往往与其他门饰配合使用，如图3-24。

图3-23　潮安区庵埠镇文里村（清初）

图3-24　潮安区龙湖镇龙湖村（清光绪三十四年）

清代方形文字石门簪是精致的艺术品，而它的美离不开汉字的美。清代方形文字石门簪不仅是潮式建筑的一个构件，它还是特别的艺术，这种印玺式的石门簪的美是形的美、线的美、力的美，表现个性的美，它从印玺中吸取了章法等技法，是一个扩大的印玺，可比印玺更震撼人。这种美源于中国汉字之美，源于中国文化。汉字是中国文化的最小单元，又是中国文化的最高代表。汉字的创造、使用、演变、发展和无穷组合，造就了中国文化的辉煌灿烂和流光溢彩，造就了五千年一以贯之的中华文明。汉字因印玺而有无限生动的形式之美，清代方形文字石门簪更比印玺增添了无比丰富的内涵之美。以小篆、缪篆、九叠篆体为主的文字石门簪，表现了奇正相生、透迤盘旋之美。

清初以前，石门斗的横楣处多为两坎，两坎高低差可达10厘米以上，石门簪大致处于两坎的中间，下端看起来就是凸出的台（柱）体，清雍正、乾隆朝以后有不少横楣高低差减少了一点，台（柱）体下端只稍稍凸出横楣。

图3-25是清初的，图3-26是清后期的。石门簪的精细与国运、国力和主人的经济、文化等不无关系。

图3-25　潮安区彩塘镇坽头村（清康熙三十六年）

图3-26　潮安区江东镇溪头洲村（清光绪三十一年）

（一）方形石门簪的文字是书法篆刻艺术

石门簪的纹饰文字大多为篆体，具体有大篆、小篆、九叠篆等，以九叠篆为多，清乾隆之后主要是小篆的变体九叠篆。清中以前石门簪文字有个别是书写的，几乎就是书法，如图3-27。而整个清代大多是笔画粗细一致，是美术化的。纹饰文字采用阳文雕刻，尚没有发现阴文的。阳文周边一般凿深0.5厘米至1.5厘米，以此来凸起阳线，阳线多为平面，也有小部分为弧面。阳文大都为粗线条，细线条的较少，多出现在两枚门簪为8个字的上面。清代方形文字石门簪是精美的篆刻艺术作品，整个潮州就是一座篆刻艺术博物馆。多种篆刻作品琳琅满目，令人赏心悦目。

图3-27　潮安区

（二）方形文字石门簪是具有突出的潮州特色的艺术

明代石门簪，尽管许多造型是历代千锤百炼而形成的，可其造型语言本身的价值并不高，它的造型设计是为了更好地突出装饰美，可由于其位置及体量的制约，教化功能显得不足，因为这种形式感后面的内容几近于零，相比之下，方形文字石门簪虽然造型单纯，可文字的内涵及其明义是明代圆形花卉石门簪所无法比拟的。

清代方形文字石门簪属于民俗物象，可它十分“雅”，比明代圆形花卉石门簪更显高雅；可以这样说，所有对方形文字石门簪美的赞誉都是基于对其意趣之雅的认识之上的。它是一种既传统保守又创新时尚的艺术，只是依靠文字的点、线、形来构成美的形象，可以说，它追求的是“不饰之饰”。这种现象上溯秦汉，中至两宋，下及乃时，在其他种类的艺术品上均有出现，而清代方形文字石门簪运用得心应手，这种既“文”又“质”的艺术美的彰显方式令人叹为观止。它展现出来的是一种闲适淡雅、凝静飘逸、豁达细腻的美，极具文人情趣，且与日常生活亲切贴近，是文人与工匠才智巧思的艺术作品。可以说，这才是真正意义上的潮州特色的本土文化。

石门簪从圆形花卉变为方形文字，形成潮州特色而独树一帜于中华大地，这种脱胎于某一形式而形成新的形式的艺术，并不是潮州艺术文化中的第一例，在此之前潮剧、潮州木雕等的形成皆如是。在明代，潮州的各类艺术几乎还没有剥离中原文化的特点，晚明时“与江南其他地区的木雕，工艺风格比较一致”（黄挺《潮汕文化源流》）；木雕和石雕的纹饰采用写实性题材占比较高，属于石雕的石门簪则采用图案式，其形制及纹饰完全跟中原的一样。不过，此时潮州的民间艺术有的已初具潮州特色的雏形，有的是先走一步，且成功了，如潮剧的形成应在晚明的万历年间（1573—1620年），出土剧本《金花女》的故事内容所涉及的皆是潮州本地的人情风俗，戏文念唱多用潮调。潮州文化的特点在此时还没有明晰彰显；入清以后，改朝换代，趁此机会，文人推波助澜，在艺术特色渐变中奇峰突起，快速形成与众不同的潮州文化。石门簪亦然，与同时期中国的其他地方相比，潮州的石门簪采用方形形制和文字纹饰，可以说是独树一帜的，凸显了潮州特色。石门簪此时的特点跟其他门类的工艺时段相隔不远地先后形成了潮州文化的特点，充分表达了潮人的意愿、祈求等，符合潮人当时的审美观。由此可以明显看到，在同一时期、同一区域的社会中，往往存在着跟某一民俗事象特点相同或相近的别样民俗事象，这与同处在一样的社会环境（政治、经济、文化等）中关系密切，且民俗事象的创作者的心理是相同或相近的。可话又说回来，潮州木雕和石雕中纹饰采用写实题材占较大比例，可在石门簪中则是采用文字图案，这跟石雕的其他纹饰是完全不同的类型，这个问题还是有必要说一说的。在毗邻的福建省，清代的石门簪有的就继续使用明代以前的圆形花卉形制或采用了人物纹饰的，如图3-28。

图3-28　福建省漳州市长泰马洋生态旅游区旺亭村

自宋以降，潮州金石由于天灾人祸等原因，所存者无几，而清代祠堂及民居的石门簪上的文字随处可见，数量庞大，尽管它只是门面构件的装饰，不少流于形式，且或有应时应景的，可也不乏具有较高艺术水平的，如果编写一部“潮州金石志”，它的一席之地是显而易见的，其艺术地位不容忽视。

这种清代石门簪的潮州特色，从中还可以追寻到浓烈的中国传统文化气息。可以断言，清代石门簪的形式主要是从瓦当和印玺演化而来的。可它毕竟与印玺还是有不同之处，印玺由于功能的不同，形制要求并不太严格，很多是文人兴之所至、心之所专雕刻出来的，体现的更多是治印者的感情。当然，印玺的篆刻也有自己的一套规矩，篆刻的章法历来有挪让、增损、分合等，可以只用一种，有时几种糅合使用，这是印玺出彩的地方，真是别有一番韵味；有时四周的边框还可敲击，人为造成破损，这种惨败之状反而更增加它的艺术魅力。而方形文字石门簪尽管各具情态，或大同小异，体现的是文人与工匠对布局章法精准理性的把控；从比例、尺度、均衡、韵律等方面推敲，可以说已是达到“定型”的程度，可谓恰到好处。《易经》认为，“方”为“坤”，有直、正之说，方形石门簪更能体现平坦、正直的品质。为了更完美地表现这种品质，方形石门簪整体造型严谨，布局丰满。在石门簪中，为了体现方正，经常借鉴印章的挪让章法，从而使整枚门簪在平衡中显得灵巧，如图3-82所示，“裕”的部首“衤”减笔并向右跃腾到“谷”之上，“谷”略为变形，就像一块基石顽强却不勉强地托起了上边的重负。观赏方形文字石门簪犹如观赏印章，既悦目且赏心，真是一种莫大的享受。

方形文字石门簪受到不同政治地位、经济状况、文化水平的各阶层的社会人、社会群体的欢迎，只要能够承担得起雕刻它的费用就可以在石门斗上配上这一装饰。当然，经济状况及审美能力的优劣，还有创作的文人及工匠的技艺高低，其给人的审美效果是不同的。

受传统文化追求大而全、和谐美满理念的影响，清代方形文字石门簪的造型特别注重完整性的体现，章法上遵循中庸之道，特别留意结构上下对照呼应，左右对称均衡。因为这样，文字让人看起来有心平气和的感受。也因为受传统文化中“求大同存小异”思想的影响，它的形制体现出较强的规范化和程式化特点。因而总体上给人以形态匀称、比例适度、整体和谐之美感。总的来说，清代方形文字石门簪造型在形体上主要强调静态的展示，各类字体都着重追求平稳、对称、均衡，不太强调动势，所以给人含蓄隽永之自然美感。如“财丁兴旺”的“财丁”仅仅二字，而笔画对比非常悬殊，这是设计章法时经常碰到的问题。在印章中可能不用平分地盘，在石门簪中却要顾及“平衡”。“丁”字结构简单，只有两笔，不管是横还是竖钩，通过笔画的延伸曲折，把原本的空白填满，这样才能与“财”字形成左右呼应，使整枚门簪处在和谐之中。

石门簪的文字大都采用美术化的篆体，也有少量是直接把文人的篆书刻上的。这种把软笔书法硬化的雕刻，打破了横平竖直的石门簪文字设计的常规，让笔画具有难以抑制的张力，更显得古朴而空灵。

就现在所能看到的清代石门簪都是采用阳文雕刻的，雕刻技艺上吸取了治印的手法，可又与治印有所不同，印玺是阳文和阴文并用。战国印玺的印面广泛采用边框，宽阔的边框往往与纤细的阳文相配。隋唐以后官印文字都是阳文。清代的建筑，如祠堂里，其题额、堂联亦阳文与阴文并用。明清私印主要由书画家自己亲自操刀，或由治印家镌刻；创作方形文字石门簪的这些文人秉承先人习惯，觉得处在门上的石门簪乃是整座建筑的突出位置，采用阳文更能体现堂正之气。“天圆地方”，方为地，方为阴，在方形石门簪中采用阳文，阴中现阳，阴阳相互感应，从而更好地感通自然、感通万物，也是最好的天地人感应。

清代石门簪以文字表达了氏族、家庭对更高层次的向往与追求，充满了普世哲理，这种形制的出现，在中国当时的建筑中可以说是绝无仅有的，充分彰显了潮州文化的气质和风范。它所显示的美是含蓄的美，远非浅表化圆形花卉门簪所能比及的，这充分反映了当时潮州文人乃至民众的审美取向。

唐代潮州建筑石雕的特点是简洁、古拙、粗犷，到了清代潮州石雕特点演变为繁丽、精致、灵动。

繁丽，即装饰构图饱满繁复而华丽，可以说这是清代潮州木雕、玉雕和石雕共同的艺术特点。在方形文字石门簪中，设计者多采用缪篆和九叠篆字体来达到繁丽的艺术效果。

方形文字石门簪给人以精致的美的享受，“精致”是外人对潮人性格、生活的评价。明清时期，潮州人口稠密，据史料记载，潮人平均耕地由明洪武二十四年（1391年）的11.56亩锐减至清嘉庆二十二年（1817年）的2.09亩。人多地少，潮人只得精耕细作，绣花式种田；种田的精致方式自然而然地沁延至其他的生产、生活乃至习俗之中。在潮州社会中，工夫茶就很能体现平常百姓家的精致生活，潮州工夫茶讲究茶叶、茶具、水、火等，更讲究冲泡方法和品尝茶艺，讲究“高冲低洒”“刮沫淋盖”“关公巡城”“韩信点兵”等冲泡手艺和延客品茶的茶礼；从茶具到冲泡方法，远比茶圣陆羽的《茶经》所讲述的还要精致。潮人的精致有其形成的原因：其一，明清以来潮州经济好，有财力建造宇舍等，慢工出细活。其二，潮州人多地少，潮人压力大，为求生存而精益求精。

在方形文字石门簪中，文字构成的图案总给人以灵动的印象，这在讲究庄重的传统建筑上既是一种突破，也是稳与飘的制衡，这种呼应也体现了潮人的审美趣味。

此外，方形文字石门簪给人以优雅与闲静的感觉，“优雅”“闲静”也是潮人的生活习性。

方形文字石门簪“雅”的意趣各有风流，这种“雅”具体来说，一是“醇雅”，方形文字石门簪的字体采用篆、缪篆、九叠篆，字体布满方框，给人以凝厚稳重的感觉。二是“文雅”，方形文字石门簪就像是印玺闲章，字体纤柔秀美，文人气息十足。三是“清雅”，整体看起来清新婉约，含蓄清净（不施色的更明显）。四是“古雅”，文字采用篆体，古朴端庄，方形文字石门簪不追求外在的鲜亮，注重内在的意蕴。方形文字石门簪真是妙趣横生，与潮人追求雅趣的倾向高度吻合。

（三）方形文字石门簪的色彩

就调查所看到的，石门簪大都施以色彩。在封建社会，在房屋门户施以色彩不是一件随便的事，“人主宜黄，人臣宜朱”，明代的《明会典》对有关规定较为详细而严格，黄、红、绿是皇家及官府才可以使用的色彩。潮州明代圆形花卉石门簪依据花卉的原有本色加以艺术化施色，也有不施色的。潮州到了清代真有点“山高皇帝远”的情形，祠堂、民宅的建筑不少并不照章办事，“出格”的建筑随处可见，两枚方形文字石门簪常施以“出格”的色彩，有红底黄字或金字的，青底黄字或金字的（金色的有两种情况：金粉上色和贴古板金）。当然也有不施色的。就笔者看来，不施色比施色更能够体现方形文字石门簪的特色，利用石材雕刻产生的凹凸明暗，使原来的单色变成双色或多色，尽管色彩少，但更能体现出石材本色的美感，石门簪的造型更具冲击力；石门簪采用石材本色，减少色彩信息，更凸显出曲线柔和的线条，创造出流畅灵动的美感；简约的文字线条图案和不施色的纯粹石材本色，能更好地彰显出图案的力度，最大限度地展现出图案的美感。利用原石材颜色的文字石门簪，整体效果看上去更协调，文字组合也更能给人以深刻的印象。同时，施色也能给人明亮、活跃的感觉，黄、绿相间，分外鲜明，醒目突出。下面的图3-29和图3-30是色彩修复前后的图像。

色彩有其固有意象，关键色决定了受众的第一印象，如石门簪主色用红色表示热烈、活跃等情感，表达精神、华丽等充满能量的正面意象；用金色使图案更加鲜明华丽，恰到好处的配搭使色彩固有的意象和门簪文字内容相契合，加强受众的印象；使用黄色，给人带来温暖的感觉，与其文字内容相应，看上去更富有协调性；黄色的字配以绿色的底色，使图案看起来更加鲜明醒目。

有的石门簪只有一种颜色，这种单一色彩将文字组合扩展到边缘，给人一种强有力的震撼感。单色虽然简单易懂，可有时也给人冷清和美中不足的感觉，而背景增加别的颜色就能使图案变得华丽生动，看起来别有一番风味，给人以别具匠心的感觉。

有的将石门簪的四周铺满颜色，涂色部分看起来有一种相框的效果，使人的视线向中央集中，从而让内容更一目了然。

总之，石门簪色彩的运用可以看出工匠们有着娴熟高超的本领，

图3-29　潮安区庵埠镇乔林村（清光绪八年）

图3-30　潮安区庵埠镇乔林村（清光绪八年）

他们往往通过色彩对比使图案看起来更有活力；善用强烈的色相对比搭配“互补色”，使图案给人一种强而有力的感觉；能够调高明度差或纯度差，使色彩之间的界限更清晰，从而使视觉的清晰程度更大。互补色的色彩相差较大，工匠们把它们搭配在一起就造成强烈的视觉冲击力，使它更容易吸引人的眼球，给人一种惊艳且强烈的印象。

（四）方形文字石门簪给人以美的享受

明清石门簪的雕刻技术就工艺而言，明初较为粗糙，雕刻较为草率；从明中期至清乾隆时期，技术娴熟，工艺日臻精细完美；到了晚清，工夫远不如前，显得马虎应付，原来凸出横楣的门簪也退化为只在横楣面刻出印章形制和文字了。但其中不乏精致珍贵之作，从中也可见粤东地区的能工巧匠人数之多、本领之高。

方形文字石门簪是无数的艺术创造者为我们带来的美的享受，让我们在享受美的同时，对社会、对未来充满美好的希望。

审美活动是人们对物象的外部感知到想象、理解、再创造的过程，文人墨客和能工巧匠创作了石门簪，他们既是社会的物质制造者，也是精神制造者，他们为人们创造了美，唤起了人们的审美感受。

方形文字石门簪已丧失了它作为建筑构件的实用功能，只剩下装饰功能，可以说，清代方形文字石门簪是以审美功能为主的，是纯艺术的，人们通过艺术手段来表现某种观念，让石门簪具有表现上的主观性、造型及线条的程式性，并以其风格内涵和表征来增强它的审美功能。

（五）方形文字石门簪赏析

下面就清代祠堂和民居方形文字石门簪中文字使用频率较高或比较有艺术特色的款式列举出来作赏析（部分文字括注繁体，以助分析）。

1. 丁寿（壽）富贵（貴）

图3-31，“丁”的横左端下挫后曲了4折以竖抵底，右端下挫后却曲了10折把右侧充实；竖钩写成竖左折再上翘升高，横两端的曲折多少不同，左右并不均衡，可利用竖钩的钩的变化对左侧作了弥补，这样使得整个字看起来不偏不倚，平衡稳重。“壽”上边“士”的第一横两头上翘再往里折，横折的折下延，第五横左端上翘升高；部首“寸”的横右端下折，竖钩写成竖。“富”的部首“宀”变体减笔，第一笔的点省略，其他两笔分别写成由顶及底的竖、短横和“2”形收笔下挫拉长至底的曲线。“貴”增笔，“中”上方多写了一横，“中”下边的横左端下挫拉长至底，右端上翘及顶；部首“貝”的撇写成1折曲线，点写成短竖右折再上翘升高的2折曲线。造型规矩挺拔，线条弧面深沟，刚中寓柔，凛凛古风给人端庄大气的审美享受。

2. 入孝出弟

图3-32，“入”的撇写成纵向11折曲线，捺写成16折纵向曲线，似“2”连着跟左边相同的曲线。“孝”的第一横两头上翘并左移，第二横右端上翘，撇写成竖左折再下挫拉长线条；部首“子”的横撇写成反写“C”形，上边长过撇，下边短，竖钩写成竖，横似“5”形连着“2”形的线条。“出”上边竖折的竖和竖似“弓”字形和反

图3-31　潮安区沙溪镇沙一村

图3-32　潮安区沙溪镇南陇村

写“弓”字形收笔下挫；下边竖折的竖和竖似起笔上翘、收笔下挫的“5”形和“2”形，它们的起笔上接着上边竖折的折。“弟”上边的点和撇写成反写“C”和“C”形收笔下挫，部首“弓”横折的横缩短，起笔与反写“C”的下挫连接，竖折折钩的竖出头；竖起笔左折连上竖折竖钩的出头短线，最后的撇写成6折线条。字体构件在均衡中有变化，在变化中有和谐，让人看起来悦目舒心；茂密阡陌的线条历经沧桑依然鲜明如初，似无声无息，却是颇能打动人的美的造型语言。

3. 千子万（萬）孙（孫）

图3-33，“千”的撇写成短横两端上翘再朝外折后下挫的线条，左短右长，横似“57”，上边的横连成一体，竖写成5折线条，以竖抵底左折。“子”横撇写成起笔和收笔都下挫的“弓”形，竖钩写成一短竖跟“5”形的横连接的曲线，偏于左下侧，横写成起笔上翘，收笔下挫再折横的“弓”形，居于右下侧。“萬”部首“艹”左边写成横右下折短

图3-33　潮安区庵埠镇文里村（清康熙年间）

线，一横左下折短线的横连在它的折上，右边写成凹口朝左，里面一短横线条的反写“E”形；下结构“禺”的“冂”减去不写，“曰”里面的竖出圈后曲了4折，提写成横右端上翘，点放在上翘部分的上方。“孫”部首“子”的横撇和竖钩连成一笔，写成“2”形收笔下挫拉长的线条，提写成与边平行的竖；右结构“系”第一笔撇盖过部首，写成横，收笔下挫，“幺”与“小”的竖钩连成一笔，写成曲了7折的长线，至底后左折，“小”的撇和点写成一横一竖短线，填在凹口中。造型秀劲舒展，线条干练，线面微弧，给人清癯大气之感。

图3-34，“千”的撇设计成“5”形线条，横似一短横连着的两个没有封口的纵向长方形，短边至底与圈边平行。“子”的横撇似没有封口的扁形的“口”，竖钩只写成一竖线抵底，横与“千”的横设计相同。“萬”部首“艹”写成一横上两段各朝外折的一折短线；下结构“禺”的“曰”左上角不封口，竖、提和点写成“山”形并添笔，两边上各有一短竖。“孫”部首“子”设计成“2”形收笔下挫拉长曲线和左下侧一竖与边平行；右结构“系”的“幺”设计成上下两个“口”，上边的撇下移于“口”下，“小”写成中间高两边低的3条竖线。造型和线条均挺劲有力，极富视觉张力，让人心动。

图3-35，“千”的撇写成4折线条，横写为一短横连着的左小右大的正反两个“S”形线条。“子”的横撇写成曲了10折线条，线条上层似城墙，下层为横后左下挫，竖钩为3折线条，抵底后左折；横

图3-34　潮安区彩塘镇玲头村（清康熙三十六年）

图3-35　潮安区沙溪镇沙二村（清咸丰元年）

设计为曲了17折长线，布满了下面的空间。“萬”部首“艹”设计为4条曲线，各两条连接；下结构“禺”的竖、提和点写成竖左折后上翘，一短折线接着它。“孫”部首“子”设计为“2”形收笔下挫至底左折线条，一短横左下折线条接着它；右结构“系”的撇写成凹口朝上的“C”线条，“幺”写成一点连着一个“口”，又连着一短竖左折上翘再加一短竖；“小”的竖钩写成竖左折，撇写成竖，点写成短横右下折拉长。造型沉稳又不失秀美，线条转折挺健而富有柔性；背景藏青色的纯度衬托出文字的金色，产生美感，容易引人注目。

图3-36，“千”的撇写成上下并列的2折线条，横写成曲了19折的长线。“子”的横撇也写成上下并列的2折线条，收笔时再挨着边下挫，竖钩写成短横下折抵底，横写成曲了17折线条，几乎布满剩余空间。“萬”部首“艹”设计成两个凹口向外的2折曲线，里面各接着一短横，就如反写的“E”和“E”形；下结构“禺”的竖、提和点设计成中峰高耸的“山”。“孫”部首“子”设计为短横右下折至底，再连上短横，然后又连上短横左下折线条；右结构“系”下边的“小”设计成“巾”形，中间的竖钩写成竖抵底后左折。这对石门簪较为特殊，其一，线条有粗有细；其二，线条布摆紧密，几乎只容针芥。厚重而屈曲的线条呼唤着100多年前的生活气息，方尺之内承载着那个时代的生命时光，真让今人浮想联翩。

图3-37，“千”的撇写成两端上翘后再朝里折的线条，横写成

图3-36　枫溪区池湖村（清光绪年间）

图3-37　潮安区彩塘镇华美村（清光绪年间）

左三折、右一折的下坠至地长直线，竖写成先竖后曲了11折曲线。“子”的横撇设计成缺竖的扁“口”，竖钩为曲了11折长线，抵底后左折，横为4折长线。“萬”部首“艹”似缺了下边横的“凹”字形，下结构“禺”的竖、提和点写成“山”字形。“孫”部首“子”设计为下体拉长的“弓”字形再连上一段竖右折线条；右结构“系”的撇下移，写成短竖左折线条，与部首的竖折连接，“幺”设计成一短竖连着的上下两个“口”字，“小”的竖钩写成竖左折上翘，撇写成短竖右折，点写成竖。虽线条曲折有变，可布置疏朗有致，显得悠然儒雅，极富文人情怀。

图3-38，“千”的撇写成横，而横的两端各下挫曲了14折，凹凸对称。“子”的横撇设计为“2”形，3条横线上下叠置；横两端下挫成曲折线条，左9折，右10折。“萬”的部首“艹”设计为横线上两段向外折的一折线条；下结构“禺”中间的竖上冲顶着横，提和点设计为“2”形。“孫”的部首“子”添笔，“了”设计成一短线连着上下两个“口”，第二个“口”的竖出圈，然后3折至底左拐；右结构“系”的撇写成横，“幺”写成上“口”下横排“CI”形。线条的变化似时间在流动，似彩练仍继续飞扬，让人不由驻足观赏，遐思不已。

图3-38　潮安区东凤镇东凤村（晚清）

图3-39，“千”的撇写成2折相叠横线，横左右下挫各曲了11折。“子”的横撇设计为与“千”的撇相同的2折相叠横线，横两端上翘3折后又下挫，左7折，右9折。“萬”的部首“艹”写成两条横的两头向上翘再朝里折的曲线，再各压上短竖；下结构“禺”的“曰”里面的横写成4折线条，“冂”写成左上角和左下角没封口的“口”，提和点写成短直线垂直连接。“孫”的部首“子”设计为多曲线条，好似花边图案；右结构“系”上边笔画移位且添笔，设计成“5”形加上“7”下“1”形，其下再画一横。布局疏朗，线条屈曲、凹凸、接断的处理图案感明显，装饰意味较浓烈，具有古雅高逸之美。

图3-40，“千”的撇设计成3折长线，上下两横相叠曲线后左下折拉长；横也设计成3折长线，左端下挫曲折后与撇的下拉线条的终端接近，右端靠末端处连上多写的一条向下11折线条。“子”的横撇设计成“2”形，收笔时下挫再曲了11折，竖钩写成竖左折钩，横移位左下方且设计成“U”形线条。“萬”的部首“艹”写成两端上翘的横线，再在横上压上两段竖起笔向外折的线条；下结构“禺”的“曰”设计为比“冂”大，竖、提和点设计为“山”字形。“孫”部首“子”的“了”设计成锯齿状长线；右结构“系”的撇设计成“C”形收笔下挫线条，“幺”设计成连为一体的9折长线，“小”的撇和点写成两小圆点。构思奇特，线条圆润中透露刚直之气，耐人品

图3-39　潮安区东凤镇洋东村

图3-40　潮安区浮洋镇福洞村

味；凹处较为粗糙的雕刻，增加了纹理，再加上岁月的沧桑，产生了质感，让人丝毫也没有单调的感觉。

图3-41，“千”的撇设计为“5”形，横左端下挫再曲了7折，右端下挫后又曲了9折抵底左折，竖至底左折。“子”的横撇设计为5折线条，似卧放“S”形，竖钩写成竖抵底左折，横左端下挫再曲了9折，右端下挫拉长至底。“萬”的部首“艹”写成两个凹口向外的2折线条，里面各有一短横，就像是反写“E”和“E”形；下结构“禺”的竖、提和点设计成“山”字形。“孫”部首“子”的横撇写成5折线条，竖钩写成3折线条，至底左折，提写成3折线条；右结构“系”的撇移位于右下方，写成竖，“幺”写成短竖连接的上下两个“口”，“小”的撇写成短横左下折线条，贴上竖左折线条，点写成短横，连上竖折和竖。文字布局和线条随意潇洒，既有装饰性又有可读性。

图3-42，“千”的撇写成横，横设计成两端下挫的长线，各又曲13折，左右对称。“子”的横撇和竖钩连为一笔，成4折长线；横设计成多折长线，左端12折，先上扬，后再下挫成曲线，右端曲了12折。“萬”的部首“艹”写成两个凹口朝外的短线，里面各有一短横，就如反写的“E”和“E”形。“孫”部首“子”的“了”设计成“弓”形，下边拉长，提写成短横左下挫线条，连着“了”；右结构“系”撇被省去，“幺”写成短竖连着的上下两个“口”，“小”的

图3-41 潮安区浮洋镇洪畔村

图3-42 潮安区古巷镇象埔寨

撇和点都设计成纵向曲线。造型及线条给人闲情雅致的审美情趣及和谐又温润的感受；方框施以白色和红色，使人的视线向中央集中，从而让文字更一目了然。

图3-43，“千”的撇曲折成上下相叠的2折长线；横两端各下挫后曲折成11折线条，左右形态相同，可大小不一，左大右小。“子”的横撇和竖钩连为一笔，设计成竖左折钩线条，收笔连着“5”形，竖的上端连着“弓”形曲线，横左端上翘再朝里折，右端下挫后再曲了7折，至底后右横折。“萬”的部首“艹”设计为凹口向外的曲线，里面有一短横，好似反写“E”和“E”形；下结构“禺”的提写成短横，点省去，而“冂”的竖写成竖右折，似底横中间留缝的“口”字。“孫”部首“子”的“了”看起来似一个“弓”连着一个“5”；右结构“系”设计成横下面一小点连着“口”，再一小点连着另一个“口”，“小”的撇写成短横左下挫线条，连着竖钩和“幺”下移的点写成的短横，点写成竖线。造型清正，线条收敛，耐人寻味。

图3-44，“千”上边的撇写成左上角留缝的卧放长方形，横两端下折后再曲了7折，左右对称，竖为了求得与上边的平衡在接近底部时曲了5折而成为上边中间留缝的卧放长方形。“子”的横撇和竖钩连成一笔，写成先4折构成似长方形的曲线再下折拉长至底左折；横的两端下挫，左端再曲了4折，右端再曲了8折，曲线布满了横下的

图3-43　湘桥区磷溪镇溪口村

图3-44　潮安区东凤镇内畔村

空间。“萬”的部首“艹”写成两个2折曲线连着一折曲线的构件；下结构“禺”的“冂”里面的提和点连成一笔，与中间的竖构成了“山”字形。“孫”部首“子”的横撇和竖钩连成一笔，写成“2”形下折拉长至底左折的曲线，提写成短横左端下挫拉长；右结构“系”上边的撇写成横，“幺”的第一笔撇折写成3折曲线再加上短竖，第二个撇折写成3折曲线后再右端下挫，下边“小”写成竖左折连着短横左端下挫拉长曲线和短横右端下挫拉长曲线。造型规整，线条化简为繁，多曲线条遍布原本的空白之处，可让人并无繁缛之感。

图3-45，“千”的撇写成横曲折后在左下端再曲了3折的曲线，横写成不规则的“5”形连着不规则的“弓”字形曲线。“子”的横撇写成8折曲线，竖钩写成竖抵底左折的线条，横写成6折曲线，似朝下卧放的“弓”收笔下拉抵底，在横的左下方多写了似“S”的7折曲线。“萬”的部首“艹”写成似手写体“Y”和反写“Y”形；下结构“禺”的“冂”中的提和点连成一笔，与中间的竖构成“山”字的形状。“孫”部首“子”的横撇和竖钩连成一笔写成“2”形下折拉长左折的曲线，提写成短横左端下挫拉长曲线；右结构“系”上边的撇写成横，“幺”的两个撇折都写成4折曲线，点省略；“小”的竖钩写成竖左折，撇写成短横左端下挫拉长，点写成竖。石材本色的明暗

图3-45 潮安区庵埠镇开濠村

使色彩看起来有浓淡之分，文字显得具有层次感和立体感；造型设计在平凡中求变化，线条凸起明显，弯曲有道，颇能让人细细品味。

图3-46，“千”的撇写成口朝左的“U”形曲线；竖荡气回肠，屈曲17折，折多而层次分明。“子”的横撇设计成扁“口”字形下连短竖，竖钩写成11折曲线，在屡次曲折至底后蓦然回首以竖上冲，横写成4折曲线。“萬”部首“艹”写成横上边连着两条一折曲线；下结构“禺”中间的竖一断为二，因而构成了上边“田”字形，下边“冂”里提和点连成一笔后构成了“山”字形。“孫”部首“子”设计成“口”字形连着竖曲了4折的“十”；右结构“系”中的撇设计成短横，其下短竖连着上下两个“口”，“小”写成中间高两边低的三竖。造型硬朗刚劲，线条明晰有力，给人以壮美的艺术享受。

图3-47，“千”上边的撇变身成两条横线，而横中部下塌，两端曲折，似连着两个留缝的立式长方形的曲线。“子”的横撇和竖钩连成一笔，写成横线曲折成3折，在第三折中段下挫连着回折成长方形的3折曲线；横左端下折拉长至底，右端未至末端而曲了4折，似连着左上角留缝的立式长方形曲线。“萬”部首“艹”写成横上连着两短竖，短竖又各连着2折曲线；下结构“禺”的“冂”里面的提和点连成一笔，与直探的竖构成“山”字状。“孫”部首“子”的横撇和竖钩连成一笔，写成下端拉长的“弓”字形曲线，提写成短横左端下挫拉长一折曲线；右结构“系”上边写成横下连两个短竖连着的“口”

图3-46　潮安区庵埠镇官路村

图3-47　潮安区沙溪镇沙一村

字形。“千子”多折的线条使空间紧密饱满，因而与“万孙”石门簪没有丝毫轻重不平衡的感觉。布局讲究均衡，宽边使造型显得更加厚重平稳，线条刀法流转，一丝不苟，让每天从下边进出的后人倍觉安宁惬意。

图3-48，“千”上边的撇写成“S”形曲线；横左端下挫连着似立式留缝长方形的4折曲线，右端上翘也连着似立式留缝长方形的4折曲线，两头在不甚对称中求得了平衡。“子”的横撇写成口朝左的“U”形曲线，竖钩把钩抛掉；横写法与“千”的横类似，只是方向相反。“萬”部首“艹”写成横上边连着两条一折曲线；下结构“禺”中间的竖出头，下边的提和点连成一笔，与竖构成“山”字形。“孫”部首“子”减笔且变体，写成口朝左“C”形曲线下折拉长至底和右侧一竖；右结构“系”变形，写成横上边“吕”字形，下边三竖。造型有一定的装饰性，线条繁简自然，洗练干脆，文人气息明显。

图3-49，“千”的撇和横位置上提，撇写成口朝左的“U”形曲线，竖曲了17折，曲线如羊肠小道向下蜿蜒，至底后又陡然上伸，最后又回到了底边。“子”的横撇写成卧放长方形，竖钩起笔与“千”的竖近似，只是七弯八曲后收笔于初折之处，横两头上翘后再往里折。“萬”的部首“艹”写成横上挂着一对像角尖朝外的羊角；下结构“禺”中“冂”的竖和竖钩都往里折，几乎两折线差点就碰上，

图3-48　潮安区彩塘镇林迈村

图3-49　湘桥区义井巷

把连成一笔的提和点跟竖构成的“山”字形较为严实地关在里面。“孫”的部首“子”变体，写成“口”字形下连着“十”字形，再连着左上端留缝的立式长方形曲线；右结构“系”写成短横下短竖连着上下两个“口”字形，再连着左右两竖护着的竖。造型平凡与奇特互见，线条干练顺畅。

图3-33至图3-49“千子万孙”中的“千”和“子”的横都下挫曲折成长线，只是屈曲多少有所不同而已；“萬”的变化不大，大都部首写成凹口朝外的线条，再加一短横；“孫”部首的“子”多成曲折长线，“系”的上半部分多有变化。

4．千子万（萬）孙（孫） 长（長）命富贵（貴）

图3-50，“千”上边的撇写成横，而横两端下挫后再各曲了9折抵底。“子”的横撇写成凹口朝左的“U”形2折曲线，竖钩写成7折线条，由竖左折上翘连着“S”形，横右端下挫再曲了7折。“萬”的部首“艹”省写为一横；下结构“禺”中“曰”横折的横两端外延再

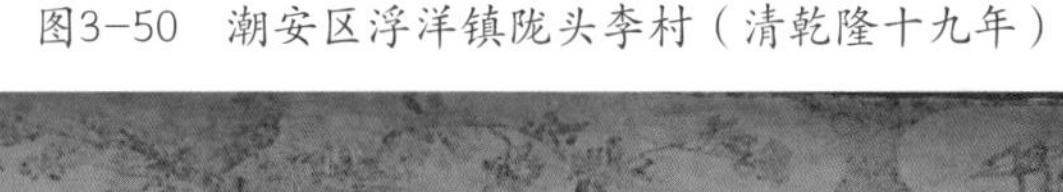

图3-50 潮安区浮洋镇陇头李村（清乾隆十九年）

上翘，“门”的竖和横折钩的折钩都写成竖往外折再上翘高升，竖、提和点三笔成一体，写成先竖后4折线条。“孫”的部首“子”省笔，写成12折线条；右结构“系”上边写成6折线条，省去了三笔，下边写成竖下连着右端上翘的横，竖左侧是反写的“C”。“長”的第一横朝左伸长，第四横左端上翘后再曲3折，右端只是上翘，竖钩写成5折线条，撇写成点，捺写成横右下挫。“命”部首“人”的撇写成3折线条，以竖抵底，捺写成横右下挫拉长抵底；“卩”两笔拆开重新编排，横折钩写成横右上翘再右横下挫线条，移位到竖的左边。“富”部首“宀”上边的点写成横，点和横撇的撇写成竖抵底；下结构“畐”的横移位到“口”的左侧并形成短竖。“貴”上边“中”中间的竖两端缩短，只在“口”中，中间的横两头上翘，高与“中”上方齐；部首“貝”长胖，同时“目”的两条边下坠至底并省去第三横，里面两横的两端不与边连接，下边的撇和点都写成短竖朝外折，整个“貝”看起来就像是“门”里面装着“元”一样。构件善变，奇特而充满趣味性，线条蜿蜒曲折，带有浓厚的装饰趣味。

图3-51，“千”的撇写成7折长线，上下成四横相叠，横写成18折线条，犹如迷宫密道，让人不辨东西。“子”横撇写成不对称的空心“工”字形，横写成18折线条，与“千”的横有异曲同工之妙。“萬”的部首“艹”写成“C”形连着“E”形线条和反写的“E”形连着反写“C”形线条；下结构“禺”中“门”的竖写成先竖后4折线条，横竖钩的竖钩写成先竖后2折线条，提和点连成一笔，写成3折线条。“孫”部首“子”的“了”写成11折线条，提写成2折曲线；右结构“系”上边的撇写成横，第一个撇折写成4折曲线，第二个撇折写成17折线条，收笔于底边，点写成短横，放在右下侧上方，下边的“小”处于短横下边，写成横连着竖中部，下边“5”形线条。“長”的第一横写成口朝左而上边短下边长的“U”形，竖写成口向下的左边短右边长的“U”形，第二横右端下挫，不与竖连接，第三

横写成口朝左的“U”形，不与竖连接，第四横写成口向下的“U”形，其右边右折拉长，竖钩写成短竖连着“G”形的线条，撇和捺写成2折线条与5折线条相交。“命”部首“人”的撇写成7折线条，以竖抵底收笔，捺写成6折线条，也以竖抵底收笔；下部分的横右端上翘再朝左折，下左边“口”写成空心的“工”字形线条，右边“卩”是似空心的“H”形线条。“富”部首“宀”上边的点写成口朝上的“C”形曲线，另两笔连为一体，写成16折线条，在横的中部下凹，容纳上边的“C”形；下结构的“田”长胖，与部首等宽。“貴”上部分“中”横折的横中间下塌，下边的横两头上翘升高至顶边后朝里折再下挫；部首“貝”的宽与上横相等，第三横的两端各4折，下边撇和点都写成7折线条。右边石门簪四字顺序自上而下，先右后左排列，左边石门簪四字的排列顺序是先上后下，自左至右。布局繁密，章法有序，线条纤细挺拔，流畅婉转似水，初看眼花缭乱，细辨之后不由深叹古代文人设计之良苦用心。

图3-51　潮安区庵埠镇宝陇村（清道光九年）

图3-52，“千”多写了四笔，撇写成14折线条，一条一折短线在右端接上它，横写成18折线条，在左下方“5”形线段的凹口有一短横连接着它，在横右端的下边连接一竖线，而竖线右侧又接上一条3折曲线。“子”的横撇写成10折线条，竖钩写成先竖后11折曲线，紧挨着横的左下方收笔，横右端下挫后曲了11折。“萬”的部首“艹”写成横两头上翘再往里折线条，然后在中部写上两短竖，短竖收笔都往外折；下结构“禺”中“冂”的竖和横折钩的折钩都写成先竖后往里折再上翘，里面的提和点连成一笔，写成口朝上的“C”形。“孫”部首“子”的“了”写成9折线条，提写成8折曲线，不与“了”接触；右结构“系”上边的撇写成3折曲线，“幺”连成一笔，写成10折线条，下部分“小”的竖钩写成2折曲线，把反写的“C”形线条的撇包容起来，点写成一折曲线。“長”的第一横伸长占整个字的宽度，竖写成先竖后8折线条，第二和第三横写成口朝上的“C”形和口朝下的“C”形曲线，它们横式排列，第四横左端不过竖，右端下挫后再朝左9折，末端向上伸展，竖提写成5折线条，起笔接上上边的竖线，撇写成“C”起笔连口朝上的“C”形曲线，捺写成口朝上“C”形，放在撇的下边。“命”部首“人”的撇写成横左端下挫拉长抵底线条，捺写成横右端下挫拉长抵底后再左折线条，不与撇连接；下结构的横移位至“口”下，写成纵向8折曲线，“卩”两笔合一，写成12折线条。“富”部首“宀”上边的点设计成底边中间留缝的卧放长方形，其宽横盖整个字，另两笔写成16折线条，几乎包住了下部分的结构；下部分的横写成反写的“C”，移位于“口”的右侧。“貴”中间的横移位到“中”的上方并写成口朝右扁平的

图3-52　潮安区凤塘镇大埕村

“U”形曲线，“中”压扁，与横等长，其竖下不出“口”；部首的“貝”除了里面两横外其他笔画连成一体，写成8折线条。结构紧密谨严，清晰可辨，其直线如直下三千尺之飞流，其曲线似升腾旋绕之云气，可谓线条伸屈得宜、刚柔相济，给人带来美的艺术享受。

图3-53，“千”的撇写成口朝左的“U”形，横的两头上翘至顶边，各曲了14折，中部把口朝左的“U”形曲线盛在里面。“子”的横撇写成口朝左的“U”形，竖钩的上端连着口朝左“U”形的下边中间，下坠过横后拐了11个弯，弯道上小下大如盘山路，横的两头都上翘，左曲4折，右曲3折。“萬”的部首“艹”写成横两头上翘再向里折，中间两短竖起笔各朝外折，在形成的两个口朝上是“C”形中间再写了两短竖；下结构“禺”的“冂”变体设计成一个反写的“弓”和一个正写的“弓”各头尾相接，而里面的提和点省去不写。“孫”的部首“子”增粗，三笔连为一体，设计成17折曲线，其末端拐回到上边，在线条第二和第三折中间处连接上；右结构“系”上边的撇写成横，“幺”设计成短竖连接着的上下两个“口”，“小”写成“巾”形。“長”的第一横拉长，左端下挫，第四横左端也下挫，竖提写成短横左端下挫至底再右折拉长，起笔连着捺写成的曲线，捺写成7折线条，起笔连着上横，撇写成短竖，在靠近捺第二折之前与它相交。“命”的部首“人”变体，设计为“5”和“2”形并列；下结构也变体，横写成10折线条，下置左侧，“口”移至右上方，“卩”的横折钩写成“弓”字形，移到“口”的下方，竖省略。“富”部首“宀”上边的点省去，第二

图3-53　潮安区彩塘镇林迈村

点和横撇连成一笔，写成横左下挫连着“弓”字形，右下挫连着反写“弓”字形；下结构的横写成“口”，“田”左右两边写成4折曲线，里面的“十”写成“山”字形连着左右两边。“貴”的“中”上边中部下塌，横两头上翘升高至顶；部首“貝”的竖和横折的折下拉抵底，其余几笔看起来就像是上“一”下“元”。结构善变，排列有致，颇得章法；线条细密繁缛，扭曲自然流畅，轻盈多巧，真让人萦怀如流云，欲罢而不能。

图3-54，“千”的撇写成横，横的两端都下挫再9折。“子”的横撇写成口朝左的“U”形，竖钩写成竖再朝左7折线条，横写成右端下挫后再7折线条。“萬”的部首“艹”省略笔画，只剩一横；下结构“禺”中“曰”横折的横写成两头外伸再上翘，“冂”的竖和竖钩写成朝外折再上翘升高，提和点连成一笔，写成“口”字形。“孫”部首“孑”写成一笔的12折线条；右结构“系”上边的撇移位至底写成横，“幺”连成一笔写成“5”形连着横，“小”写成三竖，中间的竖上下连着横。“長”的第一横左端伸延至边，第四横左端上翘后再曲3折，竖钩写成短竖后3折曲线，撇和捺连成一笔，写成横右下挫再2折曲线。“命”部首“人”的撇写成横左下挫拉长抵底和横右下挫拉长抵底线条，第二笔捺写成横置于第一笔之下并连上它；下结构的横移位于变胖的“口”的右侧并写成短竖，右下结构“卩”移位到“口”的下边并写成口朝左的“U”形一短竖。“富”部首“宀”上边的点省略，写成“冂”形线条；下结构“畐”的“口”移位，放在变瘦的“田”的右侧，并把横折的横的左端左伸到“田”的上方。“貴”写成左右结构，左大右小，“中”的中竖起笔朝左延伸，横折的折出头，下边的横写成7折曲线；部首“貝”省笔变异，先写成“日”，横折的折往下拉长，再在“日”下连上倒置的“丁”形线条。黄色文字配以背景少量的藏青色，表现出“激烈燃烧的热情”；重于整体造型和部首的处理，变化奇特而自然，线条简约却不简单，

灵动传神，别具意蕴。

图3-55，“千”的撇写成一横，而横的左右两端均下挫抵底，然后各向中间一折再上翘，左边连上似反写的“弓”字形曲线，右边连上似“弓”字形曲线，把横以下的空间填得密不容针；竖原型不变，自上而下，顶天立地。“子”的横撇写成横起笔，以似“弓”字形收笔的12折曲线，挤占了一半的空间；竖钩写成3折曲线，以朝右短横收笔；横写成8折曲线，沿底横起笔，再朝上屈曲，其中一小段与竖钩的起笔重叠。“萬”部首“艹”的横两头下挫，两竖写成两短横置于横之上；下结构“禺”省笔，上边写成“口”，“冂”的竖钩写成竖，中间的提和点连成一笔，写成口朝上的“C”形，与竖构成“山”似的。“孫”部首“子”的横撇和竖钩连成一笔，写成4折线条，提写为先竖的5折曲线；右结构“系”上边的撇省笔，“幺”写成一短竖连着上下两个“口”字形，“小”的竖钩写成竖收笔向右折，撇写成“U”形，点写成短竖。“長”的第一横写成左端延长的6折曲线，竖和竖钩连成一笔，写成以短横收笔的3折曲线，在起始部分与写成曲线的第一横连接；第四横下移，撇写成一短横，上移至第四横之上，而捺写成“C”形曲线，中间压在第四横上边。“命”部首“人”的撇写成左起横屈折成二再左下折抵底的3折曲线，捺写成横左起右下折至底线条；下结构的横缩短，“口”的竖稍压低，不与

图3-54 潮安区沙溪镇沙一村

图3-55 潮安区凤塘镇大埕村

横折相连；“卩”两笔合一，写成6折曲线。“富”部首“宀”上边的点写成横，第二点和横撇连成一笔，写成左右对称的6折曲线；横起笔左端下挫至底；“田”中的“十”写成“X”形。“貴”中间的横两头上翘再往里折；部首“貝”变体，其中“目”写成“日”，撇和点都写成短竖收笔朝外折，在两边各多写了一竖。造型紧凑规整，线条曲直相济；讲究均衡对称，具有突出的装饰感意味。

图3-56，“千”的撇写成口朝左的“U”形曲线，横的两端都下挫各成11折纵向曲线，左右对称。“子”的横撇写成“2”形4折曲线，横两端下挫后各连着9折曲线，左右接近均衡。“萬”部首“艹”两竖稍靠拢中间，头都朝外折；下结构“禺”中“冂”里面的提写成4折曲线，点写成短横右端下挫再左折伸长的2折曲线。“孫”部首“孑”的横撇写成“2”形曲线，提写成横左端连着纵向8折曲线，右端连着9折纵向曲线；右结构“系”上的“幺”写成短竖连着上下两个“口”字形，上边的撇移至下边并形成4折曲线，“小”的撇和点都写成短竖。“長”的第四横左端上翘升高，竖写成竖右折伸长，与第四横平行，竖钩写成5折曲线，撇写成2折曲线，捺写成5折曲线。“命”部首“人”的撇写成横左端连着大小不一的10折曲线，捺写成变化多端的12折曲线；下结构的横缩短，“卩”的横折钩写成3折曲线，竖写成2折曲线。“富”部首“宀”上边的点写成短横，第二点写成似“S”形连着竖的5折曲线，横撇写成以竖收笔的5折曲线，部首的三笔各不连接。“貴”上边“中”中间的竖头往左折至边，“中”下的横左端下挫拉长至底再右折上

图3-56　潮安区金石镇仙都村

翘升高，横右端上翘升高至顶再左折；部首“貝”稍右侧，横折的折略微下探再左折上翘，第三横跟撇连成一笔，写成横右端下挫再左折伸长，最后的点省略。造型讲究规整，在变化中力求均衡，形式感强烈；线条多曲折，多绵柔；圈边较宽，更突出了整体感，青底金字，线条更加鲜明。

图3-50至图3-56中的“千”和“子”的写法大致差不多，都把横下空间挤满；“萬”的部首多有变化，“门”的竖和横折的折多成曲线；“孫”的部首或省笔或连笔，以曲成形，右结构多省笔或变体；“長”的第一横多左伸，与整个字等宽，撇和捺变化较大；“命”多变体；“富”的部首多变体，下边也多移位或变体；“貴”下边的“貝”写法多变。

5. 千子福孙（孫）

图3-57，“千”上边的撇写成“S”形，横写成横两端下挫后左端曲了8折，右端曲了9折，竖没有穿过横。“子”的横撇和竖钩连成一笔写成5折线条，横写成12折曲线。“福”变体为上下结构，部首“礻”变形为分开的两部分，置于“畐”上半部分的左右两侧，左侧写成“Y”形收笔下折，右侧写成反写“Y”形收笔下折；“畐”上边的横写成竖，“田”里面的竖下不过横。“孫”部首“孑”的横撇和竖钩连成一笔写成6折线条，提写成短横左端下折拉长；右结构“系”的撇写成横，“幺”两个撇折连同“小”的捺连成一笔，写成“2”形收笔下挫拉长的6折曲线，“幺”的点移位到“2”形的口中，“小”的竖钩写成竖左折，撇写成竖。造型规整质朴，装饰性强，线条绵厚

图3-57 潮安区东凤镇东凤村

含劲，内蕴可人。

6. 元亨利贞（貞）

图3-58，“元”的撇写成以竖抵底的2折曲线，竖弯钩写成17折曲线，真是曲折层出，可曲尽曲。“亨”在“口”之下再生“曰”和“口”，简单的几笔就增写了两个构件实属罕见；“了”的横撇写成口朝上的“C”形，竖钩写成6折曲线。“利”中左结构“禾”的第一撇和竖连成一体，写成短横右下挫拉长至底，横两端上翘，右端至顶，第二撇和点也连写成横两端下挫抵底；部首“刂”的竖钩写成“2”形收笔下挫拉长抵底，竖一笔成3折，写成上下两个“5”和“C”形连着竖钩。“貞”上边的竖写成3折曲线，横写成2折曲线；部首“貝”中的“目”外壳下拉，里面的两横都写成“2”形，显得十分饱满，下边的撇和点分别写成先竖后朝外折的一折曲线。造型挺拔玉立，气宇轩昂；线条简洁利索，给人清新雅致之感。

图3-59，“元”的第二横两头上翘，撇写成2折曲线，以竖抵底，竖弯钩写成13折曲线，以横至底后又突然回首上翘。“亨”整个字瘦身，点写成短横，横的两头上翘；下边的“了”结构变形，写成左下角留缝的立式长方形，里面连着“2”形。“利”的左结构“禾”的撇写成短横左下挫，横写成左端下挫，右端上翘，竖写成竖左折，撇写成短横左下挫，点写成短横右下挫，“禾”的各笔画除横外都成了一折曲线；部首“刂”的竖写成反写“C”形，升至顶部，

图3-58　潮安区金石镇仙都村

图3-59　潮安区沙溪镇沙二村

竖钩写成13折曲线。“貞”整个字变瘦，上边的竖写成3折曲线，横写成2折曲线；部首“貝”中的“目”外壳拉长，里面的第一横写成“2”形，第二横缩短，下边的撇和点写成一折曲线。造型拙中见巧，剪纸式的构件，线条鲜明，让人过目难忘。

图3-60，“元”的撇写成以竖收笔的2折曲线，竖弯钩写成纵向8折曲线。“亨”变体设计，自上而下写成三个部件：“一”“口”“回”字形。“利”左结构“禾”的第一撇、横和竖连成一笔，写成转了一个圈而以竖收笔的4折曲线，第二撇和点都写成竖；部首“刂”的竖钩写成先“C”形后竖的3折曲线。“貞”上边的横左端伸长过竖而右端上翘，部首“貝”的撇和点都写成短竖收笔时往外折。造型简洁古朴，线条筋肉俱佳，绵里透力；披一身岁月风尘，令人感慨万千。

图3-61，“元”的撇写成2折曲线以竖收笔，竖弯钩写成8折曲线。“亨”上边的点写成横，下边的“了”写成“9”形回纹曲线。“利”左结构“禾”上边的撇写成“C”形曲线，第二撇和点连成一笔，写成“冂”字形；部首“刂”的竖缩短并移至“C”形右侧，竖钩写成竖起笔左折伸长压过“禾”。“貞”上边的竖和横写成上下两长横，部首“貝”下边的撇和点写成短竖收笔朝外折曲线。造型古朴端庄，气韵文静含蓄，线条丰腴匀净，给人沉稳厚重之感。

图3-62，“元”的第一横两头上翘再往里折，第二横右端下挫拉长至底，撇写成长竖及底左折再蓦然上冲成为“U”形曲线，竖弯

图3-60　潮安区东凤镇东凤村

图3-61　潮安区庵埠镇开濠村

图3-62　潮安区赤凤镇峙溪村

钩写成纵向12曲线。“亨”上边的点写成短横，横的两头上翘再向里折，多写一短竖连着上横和下“口”，“口”的两立边出头向外折再下挫拉长至底，“了”写成纵向8折曲线。“利”变体为半包围结构，“禾”上边的撇写成横，横两头上翘，竖缩短，撇和点连成一笔，写成横两端下挫拉长抵底；部首“刂”的竖写成8折曲线，竖钩写成以竖收笔的3折曲线。“貞”的横移至竖的上边并伸长，同时两头上翘再往里折；部首“貝”的竖和横折的折出头往外折再下挫拉长至底，然后又往里折再上翘朝外折，撇和点都写成短竖朝外折曲线。造型规整，在均衡中力求变化；线条曲直有致，装饰趣味浓厚。

图3-58和图3-62“元”的第一横和撇写法一样，竖弯钩都为多曲线条；“亨”的写法绝然不同；“利”除了“禾”中的第二撇和点外没有一笔的写法是相同的；“貞”上边两笔和最后两笔写法相同，“目”写法大同小异。

7. 元亨贵（貴）寿（壽）

图3-63，“元”第一横写成口朝上的“C”形4折曲线，第二横两端下挫拉长至底，撇写成2折曲线，竖弯钩写成8折曲线。“亨”上边的点写成短横，横的两头上翘，多写一竖连着上横和下“口”，“口”的两条立边出头并朝外折再下挫拉长抵底，“了”变体写成“日”字形。“贵寿”自左而右排列，“貴”中间的横省略，

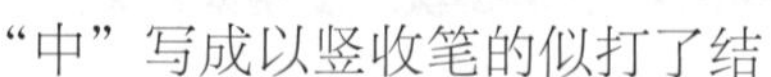

“中”写成以竖收笔的似打了结

图3-63　湘桥区铁铺镇石垅头村

的5折曲线，其竖连着下边的“貝”；部首“貝”的两条立边露头且往外折再下挫拉长至底，撇和点都写成短竖再朝外折。“壽”的第五横移至顶端并缩短，“士”的第一横两头上翘，第二横两端下挫拉长抵底，下边其他构件只写成3折曲线和“2”形4折曲线。造型讲究均衡，清癯挺立，线条简素秀丽，柔和悦目。

8. 五福临（臨）门（門）

图3-64，“五”上边的横两端上翘再曲了7折，似连着“弓”和反写的“弓”，横折和下边的横连成一笔，写成小“2”形连着“弓”字形。“福”部首“礻”稍胖，上边的点写成横，横撇写成以竖抵底的3折线条，第二点写成短横；右结构“畐”上边的横写成纵向6折曲线。“臨”的部首“臣”第一竖写成竖左折，第二横连在横折的折中间，第二竖写成横右折，最后的竖折分开写成竖和横，横连着竖接近末端之处和横右折的折的中间；右结构上边的撇写成3折曲线，横写成“2”形4折曲线，并排的两个“口”写成横卧的“日”。“門”左边的横折写成横折再左折，一横写成两横，竖写成9折线条；右边竖折的折缩短，也一横写成两横，横折钩写成横折后的9折线条。造型质朴，力求均衡，以浅显的线条表达深沉的感情。

图3-65，“五”的横写成“弓”字形6折曲线，横折和最后的横连成一笔，写成以横收笔的17折线条。“福”部首“礻”变体减

图3-64　潮安区龙湖镇银湖村（清光绪二十四年）

图3-65　潮安区彩塘镇华美村

笔，写成一条12折线条；右结构“畐”上边的横写成“2”形4折曲线，“口”横折的折下探再左折。“臨”部首“臣”写成“2”形下边一竖连着3个口朝左的“C”形曲线；右结构写成上边“2”形收笔下挫，中间“十”字形横左端上翘，“口”下横卧着“日”字形。“門”添笔，上边多写了的横两头上翘再朝里折，里面装着短横，左边的竖写成竖后曲了6折，右边横折钩的钩写成6折曲线。造型豪气挺拔，注重构图均衡；线条直来曲往，小曲多端。

9. 长（長）命富贵（貴）

图3-66，“長”的第一横写成2折曲线，第四横左端上翘升高，下边的竖钩写成2折线条，撇和捺各写成2折曲线。“命”部首“人”的撇写成横左端下挫拉长抵底，捺写成3折曲线；下结构的横省去，“口”下移，上边多写了两节1折短线，“卩”的横折钩写成3折曲线，竖写成2折曲线。“富”部首“宀”上边的点省去，第二点和横撇的撇都写成竖；下结构“畐”的横写成“2”形，“口”和“田”都长胖了。“貴”上边“中”的第一竖和横折的折都出头，部首“貝”最后两笔写成短竖再朝外折曲线。笔画增损有度，造型在变化中寻得均衡，线条转折有力，刚柔互见。

图3-67，“長”的竖写成2折曲线，不跟前三横连接，竖钩写成

图3-66　潮安区彩塘镇玲头村（清康熙三十六年）

图3-67　潮安区庵埠镇文里村（清康熙年间）

4折曲线，撇写成3折曲线，捺写成7折曲线。“命”部首“人”的撇写成3折曲线，捺写成2折曲线，以竖抵底；下左结构的“口”稍左移，写成“d”形，“卩”的横折钩写成6折曲线，竖写成一折线条。“富”部首“宀”上边的点写成短竖，第二点和横撇写成6折线条；下结构的“田”稍胖。“貴”上边“中”的上边中部下塌，横两端下挫拉长至底，部首“貝”的撇写成一折曲线。造型端庄明晰，线条简洁柔润。

图3-68，“長”第四横左端上翘升高再右折下挫，右端下挫拉长至底，竖钩写成2折曲线，撇和捺写成竖起笔连着3折曲线。“命”部首“人”写成以竖抵底的3折曲线连着横下挫拉长抵底的一折曲线；下结构的“卩”两笔连成一笔，写成4折曲线，放在“口”的下边。“富”的部首“宀”变体，写成与“命”的部首“人”相同。“貴”的“中”上边多写一短横，“口”的两条立边出头，中间的竖下不出“口”，中间的横缩短；部首“貝”的撇和点都写成短竖收笔往外折曲线。造型疏朗端庄，中正平和，严谨均衡；线条刚健有力，和谐流畅，清晰有神。

图3-69，“長”的第一横右端下挫再左折，把第二横包在口中，第四横左端上翘升高，右端下挫拉长，竖钩写成4折曲线，撇写成一

图3-68　潮安区东凤镇昆江村　图3-69　潮安区浮洋镇东边村

折曲线，捺写成5折曲线。“命”部首“人”的撇和下结构中“卩”的横折钩连成一笔，写成竖右折伸长再下挫左折，把整个字几乎分割成上下两部分，捺写成5折曲线；下结构的横写成口朝上的“C”形曲线，“口”稍左侧，最后的竖写成3折曲线。“富”的部首“宀”写成“山”字形两边往外折再下挫拉长；下结构“畐”的横写成卧放“S”形，“田”稍微长胖。“貴”上边“中”横折的横中部下塌，中间的横两端下挫拉长；部首“貝”的撇和点都写成短竖收笔时朝外折。造型局部应和，整体工整；线条高低错落有致，富有层次感。

图3-70，“長”的竖和竖钩连成一笔，写成4折线条，第四横左端上翘升高，右端下挫连上捺再曲了7折，撇写成短横。“命”部首“人”的撇写成横左端下挫拉长，捺写成横左端上翘，右端下挫拉长；下结构的横写成“口”字形，“卩”笔画合二为一，写成8折曲线。“富”部首“宀”的第二点和横撇连成一笔，写成横两头上翘后朝外折再下挫拉长；下结构“畐”的横写成口朝下“C”形曲线。“貴”上边“中”的“口”写成“凹”字形；部首“貝”的竖跟第三横和撇连成一笔，写成3折曲线，点写成一折曲线。造型在规整中体现变化，线条筋肉毕现，柔和中透露出刚健之气。

图3-71，“長”的第一横左端下挫，第二横写成口朝左“U”形收笔下挫连上第三横，第四横左端上翘升高，竖和竖钩连成一笔，写成以竖起笔，中间曲了3折而以横收笔的线条，撇写成口朝左“U”形

图3-70　潮安区浮洋镇徐陇村

图3-71　潮安区沙溪镇沙二村

收笔下挫连上下侧2折曲线的捺。“命”部首“人”的撇写成横左端下折拉长至底，捺写成横左端上翘，右端下折及底；下结构的“口”下移并缩小，“卩”写成“口”字形，其竖下探后右折再下挫，其横折的折出头再左折。“富”部首“宀”变体，写成“凹”字形加上短竖。“貴”的“中”上边中部下塌，部首“貝”的撇和点写成短竖收笔朝外折。造型修长挺立，线条爽利圆润。

图3-72，“長”的第一横和第四横连成一笔，写成横左端下折再右折成横，把竖和第二至第三的横包容在里面，竖跟下边的竖钩也连成一笔，写成先竖后曲了4折曲线，撇写成短竖，捺写成3折曲线。“命”部首“人”的撇写成横屈曲成2横后左端下挫，捺写成横右端下折；下结构的横写成卧放的“S”形，“卩”写成“巳”字形收笔下挫再左折。“富”部首“宀”写成“山”字形两边头朝外折再下挫拉长，下结构的横写成朝下躺着的“2”形曲线。“貴”上边“中”的“口”写成“凹”字形，中间的横两端下挫拉长；部首“貝”的撇写成短竖左折，点写成短横。造型端庄憨厚，线条肥大有力，线条间缝隙小如细针，更突出了整体感。

图3-72　枫溪区长美村

10. 玉堂金马（馬）

图3-73，“玉”第三横缩短，多写了一点，并把两点都写成4折曲线，以短竖抵底。“堂”的第一点和撇都写成口朝外的“C”形，第二点和横撇的撇写成竖至底；部首“土”写成

图3-73　潮安区金石镇仙都村（清康熙三十六年）

“山”字形和下边一横。“金”上边的“人”写成横上面连着点；下结构的第二横起笔上翘再右折，竖起笔右折，两点各写成3折曲线。“馬”第六笔的折钩写成横折，折拉长抵底，第一至第三点都写成一折曲线，第一点连上下伸的第五笔竖，第三点压过第六笔中的折，第四点写成竖，位于折钩的右侧。造型粹美精致，线条雅洁秀丽。

11. 世第

图3-74，“世”的第一横两头上翘再朝里折，两竖起笔都往外折抵边，第二横右端伸长抵边，竖折起笔不过第一横且曲了7折以横沿底至边。“第”部首“⺮”写成两个倒置的“山”字形，竖折折钩的钩写成折后上翘，撇写成横左端下挫。历经岁月洗涤，只剩下石材本色，减少了色彩信息，反而更凸显线条的柔和，创造出流畅灵动的美感；构图得印章之味，线条疏朗清丽。

图3-74　潮安区龙湖镇龙湖寨

12. 礼（禮）义（義）传（傳）家　诗（詩）书（書）华（華）国（國）

图3-75，“禮”部首“礻”写为“示”，右结构“豊”的“曲”写成口朝上的“C”形，里面装着“井”。“義”上边写成并排两个“火”和它们下面的“十”；下结构“我”的点左下移，斜钩写成2折曲线，撇写成一折曲线。“傳”的部首“亻”写成竖和短横右折拉

图3-75　潮安区庵埠镇仙溪村（清康熙三十年）

长至底，两笔不相连接；右结构“専”上边省笔，写成横下“中”，下边“寸”的横写成口朝左“U”曲线，竖钩也写成曲线，点写成短横。“家”部首“宀”的第二点和横撇的撇都写成竖拉长抵底；下结构的横写成口朝左的“U”形，左侧三撇写成上横下横左下挫2笔，右侧两笔写成短横连着竖。“詩”的部首“言”写成上边短横，下边“十”字形连接着上下两个“口”；右结构“寺”上边“土”的第一横写成弧线，“寸”遵从篆书写法，与“传”的“寸”相同。“書”中间的第二横起笔下挫，并增加了一斜线连上第二横接近右端处。“華”的部首“艹”写成两段口朝上短弧线各中间加上点，下边左右各写上上下两条口朝下的短弧线，再写上竖下探的“土”字形。“國”包围结构变体为左右结构，部首“囗”移于左侧并变形加一笔，写成竖连着四短横；“戈”的横和斜钩写成两条弧线相交，撇写成口朝下的“U”形曲线，其顶连着斜钩接近末端处。造型古朴，尽显篆刻之味，线条滑润，隐含弹性张力，颇能让观赏者浸染其中，沉醉其间。

13. 吉庆（慶）满（滿）堂

图3-76，“吉”上边“士”的第一横写成“2”形连着“S”形，第二横写成朝下卧的“弓”字形；下边“口”横折的折写成3折曲线，封口的最后的横写成4折曲线。“慶”部首“广”上边的点写成横，横两头上翘，撇写成2折线条；横撇缩短并写成横，“心”变形

图3-76　潮安区庵埠镇文里村

省笔，写成横压上先竖的2折曲线和旁边的短竖，下边的撇省略，“又”的横撇写成横下折后再3折的曲线，捺写成竖收笔右折。“满”部首“氵”上涨，写成上下两短竖和下边的短横；右结构上边“艹”的横左端上翘而右端下挫，第二竖起笔右折；“两”的横左端上翘，右端下挫后右折再上翘，“冂”中多写一竖，左侧的“人”写成上短竖下短横左下挫，右侧的“人”写成上短竖，下短横。“堂”上边竖起笔左折，点写成一折曲线，撇写成2折曲线，第二点和横撇的撇都写成竖；部首“土”的第一横写成朝下卧放的“弓”字形，第二横写成口朝上的“C”形。造型较具装饰性，构件移位，布局没有生硬之感，线条柔润含蓄，没有丝毫的张扬火气。

14. 存忠孝心　行仗义（義）事

图3-77，“存”的横两头上翘再朝里折，撇写成以竖收笔的2折曲线，竖写成纵向11折曲线；部首“子”的横撇写成口朝左“U”形，下边略微长，竖钩写成先竖的3折线条，横两端下挫，左端再曲了3折，右端再曲了7折。“忠”上结构“中”除横外其余3条外边的中部都往里塌；部首“心”的第一点写成横左端下挫，第三点写成横右端下挫，成双对称，第二点写成“2”形，斜钩写成口朝上的“C”形，把“2”装在里面。“孝”的第一横写法与“存”的第一横相同，第二横右端下挫后再朝左折，撇写成2折曲线，起笔连着第二横中

图3-77　潮安区彩塘镇华美村

间；部首“子”的横撇写成口朝左“U”形，竖钩写成竖再2折线条，横左端下挫再2折，右端下挫再3折。“心”的第一点写成“弓”字形收笔下挫拉长抵底，第三点写成反写“弓”字形也收笔下挫拉长抵底，两点左右对称，斜钩写成口朝上的“C”形，第二点写成“弓”字形放在“C”形里面。“行”部首“彳”的第一撇写成口朝左“U”形，第二撇写成口朝左“U”形收笔下挫拉长至底，竖写成纵向9折曲线；右结构“亍”的第一横写成“25”形连接的8折线条，第二横写成横两端连着“U”形的6折线条，竖钩写成先竖再5折的线条。“仗”的部首“亻”两笔合一，写成口朝左的扁“U”形收笔下挫拉长抵底；右结构“丈”3笔变形，横写成左端下挫再9折以横收笔，撇和捺位于横的右下侧，撇写成口朝上“C”形的4折曲线，捺放在撇的下边，写成“2”形，三笔各自独立，不跟其他笔画牵连。“義”上边的点和撇写成短竖上端朝外折；“我”的竖钩写成4折曲线，提写成一折曲线，斜钩写成4折曲线，第二撇写成先横左端下挫连着反写“C”形的4折曲线。“事”上边的横两头上翘再朝里折，第二个横折和最后的横连成一笔，写成横折后再连着“52”形的10折线条，竖钩写成竖再左折上翘。造型在均衡中体现灵变，线条紧实而充盈着张力，意趣十足。

15. 光先裕后（後）

图3-78，“光”上边的点和撇写成相背的“C”形，下边的撇和竖弯钩连成一笔，写成6折曲线。“先”上边的撇和横连成一笔，写成横两头上翘；下边的第二撇写成2折曲线，竖弯钩写成6折曲线。“裕”部首省笔，“衤”上边的点写成

图3-78　潮安区龙湖镇龙湖寨

短横，横撇的横写成横，横撇的撇和第二点都写成竖；右结构变体，“谷”上边写成相背的“C”形，接着是顶边中间加短竖的“口”，下边连着纵向的菱形，最后一横。“後”的部首“彳”省笔变形，写成上为口朝下的“U”形和下是左边下方留缝的立式长方形；右结构也变体，设计成“口”上边中间加短竖，下边连着两个相交的纵向菱形，再连着“U”形曲线。金色的文字衬以红色的背景，表现出平和的温暖；结构变化而和谐，繁简皆宜，线条简洁洗练，清晰醒目，具有浓烈的装饰感。

16. 光前裕后（後）

图3-79，“光”上面为“火”，下面撇微弯，竖弯钩弯了3道弯，力道较为绵软。“前”横起笔略微抬头，笔至中间往下一挫，拖笔收住，“月”口朝右上方，两短横移至外边跟“月”黏在一起，“刂”的竖钩写成斜横一折拖下。“裕”的部首“衤”省一点成“示”；右结构“谷”中的“人”不合拢，跟上面的撇和点叠成上下两个“八”。“後”部首“彳”省撇成单人旁“亻”，且写成凹口分别向上向下的曲线；右结构的“幺”写成上下两个黏在一起的小圆圈，最后一笔写成偏向右下方直线。笔写篆书，起笔和收笔较为圆钝，结构与线条洋溢着汉字几千年的醇厚气息。石门簮外方内圆，方圈和圆圈跟文字一样略高平面，施以金色，在平底的红色衬托下分外显眼。

图3-79　潮安区庵埠镇开濠村（清康熙二十五年）

图3-80，石门簮外方内圆，圆外的四个角配以花纹，由于年代久远已经看不清楚了，圆中的文字外围依圆形布摆。“光”上边的点

和撇左曲9折右曲7折；下边的撇写成2折的“U”形长线，竖弯钩9曲成线，最后略右上收笔。“前”的点和撇加笔画写成向上的两把叉；“刂”的竖钩冲破横直接右叉的中竖线，3折一直至边。“裕”部首“衤”省去一笔写成“示”；右结构“谷”上面的撇2折成线，点沿圆边成略弧短线，下面写成像“向”的形状。“後”部首“彳”的竖先与上面两撇平行，至半一折依圆边走；右结构中的“幺”写成短线连接的上下两个扁形的“口”，撇和“又”的横撇连接，曲了10折停在边上，捺曲6折在边上小走一下停了下来。构图宗法印篆传统，外方内圆再配角花，文字设计与此呼应，纹样装饰感强烈，浓浓的文人气息扑面而来。

图3-81，石门簪采用外方内圆形制，使用剔地技法，边较宽且微凸起与文字同一平面，内四角配简单角花，连接方圈边稍下挫，内圆不连外方，四个字依圆形书写。“光”的竖和点、撇写成三短竖，依圈高低排列，中间的竖触横，而横两头略上扬；下边的撇和竖弯钩连写成弯了5道弯的长线，拐弯处钝而不锐。“前”结构上下平分，横类“光”横书写，点和撇写成短竖，各向外折；下面的“月”和“刂”依弧书写。“裕”部首“衤”上面的点写成折线反写“C”形，横撇写成“C”形收笔稍下挫，和竖相连，省略撇，点写成竖；右结构“谷”中“人”上冲。“後”部首“彳”两撇写成弯线，第二

图3-80　潮安区浮洋镇陇美村（清康熙四十四年）

图3-81　潮安区彩塘镇华美村（清康熙四十五年）

撇与竖连在一起，右结构书写较为规范。毛笔书写，线条凝重，笔意苍古。青色为底，凸起纹样贴以古板金，使纹样更富于立体感，显得十分醒目，增强了视觉冲击力。

图3-82，“光”上边的点和撇设计为“25”纹样，一竖从中往上穿过，将它们左右分开；横两端往上翘，再朝竖一折成型；撇从横起笔，转了7道弯，收笔于竖的正下方，而竖弯钩写成先竖后曲了7折，抵近横时戛然而止。“前”上边的点和撇都变为2折的两小短线，似相背的“C”形，凹口分别向左右敞开，横设计成一个横放的“S”形；“刂”的竖钩写成4折曲线，与短竖构成近似的“与”形，紧挨在“月”的旁边。“裕”变体为上下结构，部首“衤”省去一笔，横撇的横两头上翘，其凹口盛着由点写成的横，横撇的撇和“衤”留下来的点写成起笔上翘的“C”形和反写“C”形3折曲线，连着上边的横，这样看起来好似双手捧着放置东西的豆器；“谷”上面的撇和点2折成线，凹口分别朝外，似反写“C”形和“C”形，看起来似“尚”的形状。“後”部首“彳”上边两撇写成凹口向左的2折线“C”形，下边看起来像“斤”形；右结构中的“幺”写为由一短线连着的上下两个“口”，撇和“又”看起来就像手拿一把叉口向下的叉子。结构体态俊美，线条简洁流畅。

图3-83，“光”横上面一竖把点和撇写成的“25”形隔开，横

图3-82　潮安区东凤镇鳌头村（清乾隆三十七年）

图3-83　潮安区凤塘镇后陇村（清乾隆四十一年）

下面的撇和竖弯钩写成的“52”形上边各一折顶着横，“2”折了8折。“前”上边的点和撇写成左2折、右3折曲线，撇成折后盖过点，把空间尽量补实；下边“月”和立刀旁“刂”几乎接近原来的写法，很容易就能看出来的。“裕”部首“衤”省笔，上边的点写成口朝左“C”形，横撇写成口朝左“C”形收笔下挫拉长至底；右结构“谷”上面的撇和点都写成短竖，左上右下，“人”的撇一口气曲了12折停在“口”的上边，捺写成短横右下挫拉长抵底。“後”设计成好像是抽象的夔纹，部首“彳”三笔连在一块；右结构自上而下也连成一体，“幺”第一个撇折写成“2”收笔下挫曲线，第二个撇折写成4折曲线，点写成短横并下移，下边的撇写成以竖收笔的2折曲线，横撇写成横右端上翘，捺写成3折曲线。构图较具形式感，稳重大方中充满了趣味；线条紧实细腻，散发出温润内敛的气质。

图3-84，“光”上半部分的点和撇写成凹口分别向外的“C”形曲线，横两头往上翘起再朝里折，与中间1竖组成图案，给人庄严厚重之感；下半部分不与上面相连，撇和竖弯钩连成一笔写成曲线，曲折多转，干净利落。“前”上边的点和撇似一对朝外向的羊角，与“光”的上部对应成趣；下边的“月”变体成形，类似青铜器的“回”纹，靠边是直线，首尾接着起伏多折的曲线，营造出纹样的空间流动感；“刂”的竖写成“C”形曲线收笔下挫拉长，竖钩起笔盖住“回”纹，一折到底再左折。“裕”的部首“衤”省去一笔，上下两短线下接着好似一个问号的曲线，把问号的点写成一短竖站在问号的右边；右结构“谷”的撇和点变为凹口分别

图3-84　潮安区东凤镇洋东村（清嘉庆二十三年）

朝外的“C”形曲线，“人”设计为“兀”字形，“口”设计为一个中空的“工”，两竖边外面中间各连接一短横。“後”的部首“彳”两撇写成上下两条凹口向外的反写“C”形曲线，一竖设计为接近回环的多折线条，朝外部分似城墙口；右结构中的“幺”设计为短线连着的上下两个“口”，下边三笔似戟首抵地。构图图案感强烈，造型刚健有力；线条坚柔适宜，富于可读性。

图3-85，“光”看起来像是由上面一个“火”和下面一个“乃”构成。“前”上边的点和撇写成与圆边相向的小弧线，似月牙，横左端微抬头似连着一颗小星，收笔下挫拉长；下边的“月”变化写成“口”，立刀“刂”的竖钩写为横折线条，横盖过“口”，几乎与上面的横平行。“裕”部首“衤”省点为“示”；“後”部首“彳”写成一小口向左上的小弧线，再用一点跟一个好像没有点的问号连为一体；右结构写成一串绞丝，靠末端处横加一短线。毛笔篆体书写，配以外方内圆的形制，显得纤秀清癯；线条潇洒似流水，姿态秀逸，古意盎然。

图3-86，“光”上边的点和撇写成口朝外的“C”形曲线，横两头上翘再往里折，与上面相映成趣；下边的撇写成2折曲线，而竖弯钩弯了9道弯，填满了下面。“前”的上部分写成头朝外折的两短竖连着横；下部分本来是左右排列，这里改为上下排列，且“月”变成横卧，横折钩的折钩往外5折抵底，而立刀旁“刂”也变形横放，写

图3-85　潮安区东凤镇博士村（清道光九年）

图3-86　潮安区凤塘镇和安寨

成口朝左的“U”形里面连着一折曲线。“裕”部首“衤”上面的点写成一短横，横撇写成口朝左“U”形收笔下挫拉长再右折曲线，竖写成5折曲线，撇和点写成两小短横；右结构“谷”上边的撇和点跟“人”的撇和点都写成短竖。“後”的部首“彳”省去一笔，设计成上下两个左下角留缝的立式长方形；右结构上面的“幺”写成上下两个“口”，下面又省去一撇，写成口朝左“U”形的下边加上一条4折曲线。线条纤细坚挺，层次分明，布局没有生硬之感，有的是清雅毕现之韵致。

图3-87，“光”上面的点和撇写成相背的“C”形，横写成口朝上“C”形，看起来好像“山”，又似戟首；下面的撇写成以竖抵底的3折曲线，竖弯钩写成9折曲线。“前”上面的点和撇都写成短竖起笔往外折曲线；下面的“月”和立刀旁“刂”由原来的左右排列布置为上下相叠且连在一起，由“月”的横折钩的钩向下曲了8曲，再连上一曲折的短横，字体显得修长。“裕”改变了结构，把左右结构设计成上下结构，部首“衤”省略一笔，上面的点写成一短横，横撇的横两头往上翘起，横撇的撇和点连成一笔，写成口朝下的“C”形

图3-87　潮安区凤塘镇后陇村

曲线，整个看起来就像一个“市”字；“谷”上面的撇和点写成两个往外凹的“C”形曲线，看起来就像是一个“尚”字。“後”的部首“彳”设计为上下两个同向往外凹的反写“C”形曲线，下面加上曲了8折的长线，它们彼此不相连；右结构安排成纵向三个“口”，并彼此用短线连起来，下面再加上好像“万”字的线条。造型注重形式感，柔润而遒劲；线条曲直有致，富于节奏感，仿佛让人聆听到岁月的回响。

图3-88，“光”上面的点写成“C”形曲线，撇写成“S”形曲线，横左端往上翘后再往里折；下面的撇写成曲了9折的曲线，竖弯钩写成“己”字形起笔上翘顶住横。“前”上面的点和撇写成“25”形，收笔下折站在横线之上；下面的“月”和“刂”设计为看似没有封口的“目”和“口”。“裕”变体为上下结构，部首“衤”省笔为“示”，似双手捧着装着东西的盛器豆，“谷”看起来就像一个“尚”字。“後”部首“彳”的第一撇3折成线，第二撇和竖看起来近似一个“斤”字；右结构似上古青铜器中多条抽象的夔龙纹由上而下连接在一起，其中最下面又有很像的一个“斤”字跟另一个“斤”字呼应。石门簪的边圈很宽，藏青底色靠边处饰以白色边圈，既区分了底与圈也更突出了中心的字，呈现出活泼豪放的艺术风韵，很能悦人眼目。

图3-89，“光”上面设计为被一竖分开的“52”形，下面设计成两条曲了9折的对称曲线。“前”上边的点和撇似一对分别向外张着的触角，横两端下挫再朝里折；下边的立刀旁“刂”两笔成一，构

图3-88　潮安区庵埠镇文里村

图3-89　潮安区东凤镇内畔村

成左上角缺口的立式长方形。"裕"由左右结构变成半包围结构，且部首"衤"省去了笔画，构图富有几何感；右结构"谷"的撇和点设计成相背的"C"形曲线，下面写成"同"形。"後"与"裕"相应也改为半包围结构，部首"彳"三笔写成横、横右端上翘和竖，各不相连；右结构增笔，自上而下写成"一"、"口"、短竖连着右上角和右下角缺口的"口"，最下边自左而右的竖、竖起笔右折、压过折并冲进缺口的收笔右折的竖。字体结构尽量向共同或相近之处靠拢设计，使门簪显得齐整和谐；线条沉着朴厚，苍劲有力。

图3-90，"光"上半部分上移，点和撇各2折成"C"形，凹口向外，横两头下挫，右侧再朝里一折；下半部分的撇写成一竖连"5"的线条，竖弯钩8折成线，似"回"纹花边。"前"上边的点和撇与"光"的点和撇写法相同，横收笔下挫；下边的"月"变体似"耳"，"刂"的竖钩顶横6折。"裕"写成上下结构，部首"衤"省去一点写成"示"，置上边成对称图案；"谷"上边的撇和点各一折成短线，与"示"的线条相扣，"人"的撇2折拉长抵底，捺成4折长线。"後"部首"彳"似一个没点的问号放在似"斤"形图案的上面；右结构中的"幺"写成上下两个"口"由短线相连，撇写成竖左折短线，再增写一横右下折短线压上去。线条有折处几乎都成直角，

图3-90　潮安区东凤镇洋东村

可没有丝毫的犹豫和停顿，一气呵成，刚强有力；结构齐整规正，丰腴强健。

图3-91，“光”上面一竖把点和撇写成的“25”形左右分开；下面的撇写成曲了9折的线条，竖弯钩则曲了10折，最后线条沿边上冲，几近于横。“前”上面的点和撇也写成“25”形；下面的“月”看起来就是一个“目”，立刀旁“刂”的竖钩写成2折线，与竖构成两处缺口的“口”形。“裕”设计为上下结构，“衤”部首省点为“示”，似双手捧着盛东西的豆器；下面的“谷”看起来就是一个“尚”字，撇和点写成凹口朝外的2折线条，与上面手似的线条相映成趣。“後”部首“彳”两撇连成折曲7次的长线；右结构上面的“幺”写成由短竖连接的上下两个“口”，下面增笔，中间一竖，左右上下各4条一折的线条，看起来就像一个反写的“片”再附上两个手把。石门簪看不出有施色，由于边圈和文字细致打磨，而底面相对粗糙，自然形成石色深浅，再加上岁月的侵蚀的斑驳，更显得苍老古朴。

图3-92，“光”上面的点和撇写成两个“C”形，一反一正；下面的撇和竖弯钩连为一长线，如一个“弓”字形起笔下挫成直线，收笔再2折。“前”上面的点和撇也写成相背“C”形，横两端向上扬起再往里折；下面的“月”写成“白”形，立刀旁“刂”写成竖线和两折后的竖线，均抵底。“裕”改变为上下结构，“衤”部首省一点成

图3-91　潮安区古巷镇象埔寨

图3-92　潮安区东凤镇陇美村

"示"，状如双手捧盛东西的豆器，下面看起来就是一个"尚"字。"後"部首"彳"写成上下两个凹口向外的反写"C"形短线，下面一个连着竖线；右结构上面的"幺"写成上下两个"口"由短线连着，下面写成两竖和一个"丩"形图案。造型优美俊秀，线条清新简洁，典雅怡人。

图3-93，外方内圆形制，四角配暗八仙图案，四字为毛笔书写篆体。"光"上面为"火"，下面两笔相连，似"乃"再拐个弯，状若溪流。"前"上面似"止"，下面多折成线，左边一点和似蝙蝠的曲线，一条先横后折的长线位于"止"下，看起来就好似湖泊和溪涧。"裕"的部首"衤"省笔，自上而下写成一短竖连着向微弯的短线、一个没有点的问号和连着它的曲线；右结构的"谷"如一个有把手的小盆燃着火。"後"的部首"彳"设计为上下两个钩，一个朝上，一个向下；右结构上面的"幺"似两个顶微凸的小圆上下叠连。四字依圆形书写，运笔柔中见骨，圆润流畅；柔软的笔触跟坚硬的石头碰撞篆刻出激励后昆的壮语。

图3-94，"光"上半部位置上移，点和撇设计为两个相背的"C"形短线；下半部拉长，两笔分别设计为左10折、右11折的长线。"前"的点和撇也设计成两个相背的两个"C"形短线；"月"瘦身，立刀"刂"肥大，竖成4折长线，竖钩曲了7折，上接在竖的第

图3-93 潮安区江东镇龙口村 图3-94 潮安区江东镇谢渡村

三和第四折中间。“裕”部首“衤”写成一短横、一曲了9折的长线和左下方一短竖；右结构“谷”上边的撇和点设计为一短线顶着凹口向上的“C”形短线，“人”撇3折、捺5折，由软变硬，曲而直立。“後”的部首“彳”先7折后为竖，右下再一竖并排；右结构上边“幺”写成短线连接的上下两个“口”，下边省笔为一4折曲线半包着一3折曲线。构图布局有致，线条清新有神，韵味清雅可人。

图3-95，“光”上面的点和撇设计为两个相背的“C”形短线，横两端上翘4折，似“25”形相连，显得很紧密；下面的撇和竖弯钩设计为两条造型相同而相向的6折长线，折后拉长为竖抵达底边。“前”上边变体为“艹”部首的写法，写成两个凹口向上的2折曲线，再分别在中间加上一短竖；下边的“月”连着上边短竖，撇拉长抵底，横折钩收短，长不及撇，里面的两短横写成上下的两个“C”形短线，凹口连着边线；立刀“刂”写成一个反写“C”形被7折的长线所遮盖，长线下拉直抵底。“裕”改为上下结构，部首“衤”省笔为“示”，写成一竖支撑着口向上的“C”，上面躺着一横，竖左右各有一短横；右结构“谷”上边的撇和点写成两个相背的“C”，

图3-95　潮安区龙湖镇龙湖寨

整个字就像“尚”字。“後”的部首“彳”设计为一条凹口朝左的“U”形曲线，下边再加上曲了12折的长线，长线就像一把有柄钥匙；右结构上边“幺”设计为一短横，下面上下各一短线串着一个“口”，下边为3折线被2折线贯通。四字结构布局看似头重脚轻，站立不稳，实则八竖立地，稳如泰山；上边密不透风，下边疏可跑马，别有一番格调。

图3-96，“光”上面的点和撇写成凹口相向的“C”形短线，下面的撇和竖弯钩各写成对称的11折长线。“前”上边的点和撇写成凹口相向的“C”形短线下挫接横线；立刀“刂”的竖缩短，竖钩6折紧挨旁边。“裕”变体为上下结构，“衤”部首减笔成“示”，由短竖支撑两端上翘再朝里折横线，上边放置一短横，而短竖左右两曲线不成对称；“谷”上边的撇和点写成一折线条，下边看起来像“冋”。

图3-96 湘桥区桥东街道洄溪村

“後”部首“彳”写成上为3折短线，下是2折短线连着6折长线；右结构上边的“幺”为一短线连着的上下两个“口”，下边为横折撇连着似“巾”纹样。造型端庄俊秀，线条清晰雅致，有着浓厚的文人气息。

图3-97，“光”上边的点和撇写成左右相背的“C”形2折曲线，横和下边的撇连成一笔，写成横左端下挫拉长抵底，竖弯钩写成10折曲线，蚯蚓似的自上蜿蜒而下。“前”部首的点和撇似一对羊角一样；下边“月”变形设计，写成纵排的“n”形和“m”形的下端让一条先竖后3折的曲线连接起来，立刀“刂”的竖钩写成竖起笔和收笔都向左折的2折线条。“裕”变体为上下结构，部首“礻”省笔成“示”，写成竖撑着口朝上的“C”形，盛放着横，竖两边为左侧反写“C”形右侧“C”形；右结构“谷”上边的撇和点也写成跟上边一样的反写“C”形和正写“C”形曲线，“人”写成竖连着“冂”字形曲线。“後”部首“彳”设计成拉长的口朝下的“U”形曲线承载着两个口朝左的“C”形曲线；右结构上边的“幺”写成短竖连着上下两个“口”字形，下边撇和横撇连成一笔，写成4折曲线，捺写成短横右下折曲线。间沟深凹，线条较为柔和，转角微圆为主，杂间直角；构件及线条摆布有致，构成优雅和谐的艺术整体。

图3-98，“光”上边的撇和点都写成曲线，点写成“2”形收笔下挫，撇写成“弓”字形收笔下挫；下边的撇和竖弯钩写成形态相同

图3-97　潮安区庵埠镇开濠村

图3-98　潮安区庵埠镇乔林村

而相背的对称7折曲线。“前”上边的点写成“2”形收笔下挫，撇写成右边稍长的口朝下的“U”形曲线，横的右端上翘至顶；“月”的撇写成竖，横折钩写成竖起笔和收笔都左折的曲线，起笔不跟竖连接，里面的两横都变成闪电状的2折曲线，立刀“刂”的竖钩写成短横下挫拉长至底后左折的线条。“裕”变体为上下结构，部首“礻”省略一笔画成“示”，写成口朝上的“C”形4折曲线盛着短横，下边三短竖，两边的短竖收笔往外折再下挫；“谷”上边的撇和点都写成短横，“人”的撇写成横屈折相叠，收笔再下挫拉长至底，捺写成2折曲线。“後”部首“彳”三笔相连接，设计成方天戟似的；右结构上边的“幺”写成口朝右“U”形下一短竖连着“口”字形，“反”的撇写成口朝左“U”形收笔挫抵底，“又”看起来就像“句”字。线条边缘较柔润，阳起线跟底的凹凸不大，利用细致打磨技法造成阳线色泽较为深沉，在色近中让稍浅的底起到很好的衬托作用，看起来没有丝毫单调枯燥的感觉。

图3-99，外方内圆的形制，方圈的边稍大，在底边的两个角配有简单的角饰，文字是由毛笔书写的篆体。“光”上边的“火”依圆弧边书写，下边的撇和竖弯钩写成两条有两个弯曲的线条。“前”变体设计，上边的点和撇连成一笔，写成“U”形弧线，横起笔上翘，线条微弯，收笔下挫直至底边；下边再书与横同状线条，然后沿弧边写上“口”字形。“裕”部首“礻”省笔成“示”，写成上边两条微弧线条，下边三条直线；右结构“谷”上边的撇和点写成与下边相同的“人”字形。“後”

图3-99 潮安区东凤镇大寮村

的部首“彳”省笔，写成上为口朝上的“C”形、下是口朝下的“C”形弧线；右结构上边“幺”写成上下两个带辫子的圆相连。线条刚柔互见，靛蓝的底色使金色的线条分外显眼，文字造型依圆设计颇具匠心，给人古拙而秀美的视觉效果。

图3-100，“光”上边的点写成“2”形曲线，撇写成“5”形收笔下挫曲线；下边的撇连上靠近左端的横，写成以竖收笔的4折曲线，竖弯钩写成回旋纹样的4折曲线。“前”上边的点和撇写成山羊角似的2折曲线；下边的“月”横放且撇写成横，竖钩写成横左端下挫，然后是写成横的立刀“刂”的竖，竖钩写成5折的回旋纹曲线。“裕”变体为上下结构，部首“衤”减笔成“示”，写成口朝上的“G”形曲线里面放置着一折曲线，下边中间连着短竖，两边连着短竖收笔往外折的曲线；“谷”除“口”外其他笔画变形，写成中间短竖，左边是口朝左的“C”形收笔下挫拉长至底曲线，右边是“C”形收笔下挫拉长至底曲线，左右对称包容着短竖和“口”。“後”部首“彳”写成上下三个口朝左的“C”形收笔下挫曲线相连；右结构上边“幺”变形写成“弓”字形，下边“又”的横撇写成5折曲线，捺写成2折曲线。造型端正稳重，线条肥硕苍劲，极具装饰美感。

图3-101，“光”上边的竖偏于左侧，造成空间左小右大，点写成反写“C”形，撇写成“C”形，形态右大左小；下边的撇写成

图3-100　潮安区古巷镇孚中村

图3-101　潮安区江东镇西前溪村

10折纵向曲线，竖弯钩写成11折曲线。“前”上边写成反写“C”形和“C”形，也是左小右大；下边的“月”瘦身，立刀“刂”的竖连着上边的横，曲了4折后以竖抵底收笔，竖钩弯腰降低身份，写成短竖连着“弓”字形曲线，屈身于写成4折曲线的竖下。“裕”部首“礻”变形减笔，写成短横下一点连着以竖抵底的9折曲线和左下侧一竖；右结构“谷”上边的撇写成口朝上“C”形4折曲线，“人”的撇与“口”的竖连成一笔写成以竖收笔的3折曲线，捺写成5折曲线。“後”部首“彳”减笔，写成“弓”字形收笔下挫拉长至底，与竖并排站立；右结构上边“幺”写成短竖连着上下两个“口”字形，下边“又”变形省笔，写成不交接的一条4折曲线和一条3折曲线。简单的文字线条图案和没有施色的纯粹石材本色，更好地彰显出图形的力度；造型工整，线条表面圆润，给人简洁清秀的美感享受。

图3-102，石门簪为方圆形制，四个角配以祥云纹，毛笔手写的变化了的篆书，依圆形布局。“光”上边的点和撇都写成弯曲的弧

图3-102　潮安区凤塘镇后陇村

线，下边的撇和竖弯钩也写成弧线，上下相连。“前”上边的点和撇紧挨在一起，好像鱼尾似的，横左端昂首，右端下垂；下边减笔且变形书写，看起来就像是“臣”字眼。“裕”的部首“衤”省略，“谷”的撇写成水波纹置于上方，点写成弯曲小溪流似的处在最下边，“人”的撇和捺两笔不相连，也似弯曲的溪涧，“口”好像真的就是笑开的口。“後”的部首“彳”看起来就是蜿蜒流淌的溪流，“幺”好像是一个葫芦一样，下边只写成一笔，又是一条小溪流。笔画大都起笔尖小像蛇尾，收笔像蛇头较圆大，形体较为奇特；一块构件，一段曲线如川流不息的溪流，荡起了几百年时光的碧波，把这个时代的绝唱凝固下来；线条的金色在如初凝鲜血的红底衬托下显得格外耀眼。

图3-79至图3-102的“光前裕后”中，“光”多两点成相背“C”或“25”形，横两端上翘，下边成多曲长线；“前”两点多似昆虫触角，有4个“前”变体；有9个“裕”移位，从左右结构变为上下结构，一个变为半包围结构；“後”右下部分的撇和“又”多有变化。图3-79、图3-80、图3-85、图3-93、图3-99、图3-102都是毛笔书写篆体，几乎不留美术修饰痕迹，这些图和图3-80外都是外方内圆的形制。图3-95的4个字上紧下松，约三分之一的下边留白，看起来有点头重脚轻，古意十足，是所看到的石门簪中少有的。增减笔画、移位变体等方法是石门簪纹样风格，看起来既古朴庄严，又流畅活泼，给人肃穆而灵动之感。这些文字承载了清代潮人的审美心理需求，从这些传统装饰纹样性语言符号背后还可以隐约窥视到宋代理性的人文内涵。

17. 光前裕后（後）崇德报（報）功

图3-103，“光”上边的点和撇写成反写“C”形和正写“C”形，下边的撇写成9折曲线，竖弯钩写成11折曲线。“前”上边的点和撇写成短竖再朝外折，横两头上翘再朝里折；下边“月”里的第一

横写成2折曲线，立刀“刂”的竖写成“2”形，竖钩写成3折曲线。“裕”部首“衤”省笔写成“示”，上边的点写成短横，横撇的横两头上翘，右侧的点跟横撇的撇一样写成纵向10折曲线，左右对称；右结构“谷”上边的撇写成“弓”字形，点写成反写“弓”字形，“人”和“口”写成竖连着“冋”字形。“後”部首“彳”的第一撇写成口朝左“U”形，第二撇也写成口朝左“U”形并在收笔处下挫拉长至底，竖写成纵向6折“弓”字形曲线，三笔各不连接；右结构上边“幺”写成短竖连着上下两个“口”字形，下边的撇写成横，横撇写成“6”形，捺写成竖。“崇”部首“山”左右两竖都朝里折，“宀”的第二点和横撇的撇都写成竖，下边“示”的撇写成“2”形，捺写成“5”形。“德”部首“彳”第一撇写成反写“C”形，第二撇也写成反写“C”形且收笔下挫拉长至底，三笔不相连；右结构上边“十”的横两头上翘再朝里折，下边“心”的第一点和第三点都写成横再往外下折，第二点写成短横，斜钩写成口朝上的“C”形。“報”部首“土”的第一横两头上翘再朝里折，下边的第二横两端下挫再曲5折；右结构写成横左端下挫拉长，连上口朝左的“U”形，再连上相交的3折曲线和4折曲线。“功”左结构“工”的横中部下塌，两端下挫，提写成横两头上翘后左端连着“弓”字形，右端连着反写“弓”字形；部首“力”的横折钩写成10折曲线，撇写成5折曲线。造型规整，体态稳健，线条长短凹凸互见，刚劲有力。

图3-103　潮安区彩塘镇华美村

18. 齐（齊）寿（壽）

图3-104，石门簪形制为菱形，毛笔书写的篆书，变体。“齊”上边的点写成微弧线，横微波状，两端似鼠尾，横下连着短竖，两边

图3-104　潮安区庵埠镇宝陇村

各有一条弯曲线条至底，线条末端收尖，其他笔画不写，而在下边多写了似“风”而没有横的结构。“壽”上边“士”的第一横右端下挫后成弧线，第二横曲折后下挫微弯曲，其他结构变体且省笔，写成弯曲较厉害的弧线、两条纵向波纹状曲线和相交的曲线。造型别致，优雅而富于动感；线条多鼠头鼠尾，柔而不弱，古意盎然。

19. 华（華）德诒（詒）燕

图3-105，两枚石门簪的文字采用毛笔书写。“华”采用减笔变体设计，写成中间一个大“丫”加横，两侧各一个小“丫”加横，大“丫”的上部分是减笔的部首。“德”的部首“彳”省略不写，“心”是标准的篆书写法。“诒燕”语出《诗经》：“诒厥孙谋，以燕翼子。”“诒燕”就是为子孙妥善谋划，使子孙安乐。“诒”的部首“讠”遵篆书写法，“口”变形成锐角朝下的三角形；右结构的“厶”连成一笔，下边的“口”跟部首写法相同。“燕”纯粹篆书的写法，没有什么变化。石门簪文字用篆体书写，文字结构上密下疏，疏密有致，有的构件尽做减法，留下寥寥几笔，足以抵过千万笔画；线条富有弹性，在庄重中彰显灵动，给人耳目一新的感觉。

图3-105　潮安区金石镇仙都村

20. 创（創）业（業）留统（統）

图3-106　潮安区东凤镇黄厝陇村

图3-106，文字近似毛笔书写小篆，“創”左结构“倉”省去了点，并把“口”稍右移；部首“刂”的竖写成短横左下折拉长，竖钩写成“C”形连着竖。“業”下部分省略了撇和捺。“留”的上部分写成中间撇连着竖，两边各有上下两个箭头形曲线。“統”部首“糹”是较为典型的小篆写法，“充”上边的点与撇折连成一笔，第二点省略。“创”的“口”稍微右移以及“留”上部分的处理基本遵循小篆讲究左右对称的法则，四字的转折较为圆婉，多用弧线，线条刚柔并济。

21. 观（觀）光进（進）第

图3-107，“觀”左结构上边“卄”的横两头上翘，中间三短竖，下不过横；左侧“口”的右竖边出头连接上横，右侧“口”左竖边出头也连接上横，两个“口”的横连在一起；“隹”的撇和竖连成一笔，写成口朝左“U”形下挫拉长抵底，第三横和第四横连成一笔写成“2”形，点和竖连成一笔写成竖上冲穿过连接两个“口”的横；部首“見”上边“目”里两横都写成“Z”形2折曲线，撇写成2折曲线，竖弯钩写成12折线条。“光”上边的点写成反写的“C”形，撇写成“C”形，横写成“25”

图3-107　潮安区金石镇仙都村

形相连的8折线条；下边的撇写成6折曲线，竖弯钩写成12折曲线。“進”部首“辶”写成上边反写“C”形里面连着横，下边似“止”字下横右下挫曲了11折曲线；“隹”变形，写成第一横两头上翘再朝里折，第二横两端各连着10折纵向曲线，左右对称，第三横写成似“25”形相连的8折线条。“第”部首“⺮”上边写成横两头上翘，中间三竖，其中两边的竖下穿横；下边的横缩短，竖折竖钩起笔朝右折，钩写成13折纵向曲线，竖起笔连接横的起笔，捺写成12折纵向曲线。线条如彩练飞舞，缠绵飘逸；体态瘦劲挺拔，棱边锋利如刀，呈现着力量与刚强。

22. 孝弟忠信

图3-108，“孝”的第一横左端上翘，竖左移，第二横右端上翘至顶，撇写成3折曲线，以竖抵底；部首“子”的横撇写成口朝左“U”形，下边稍短，竖钩写成3折线条，横左端下挫抵底。“弟”上边的点和撇分别写成反写“C”和正写“C”形，竖横折钩的折钩写成7折曲线，捺写成纵向6折曲线，不与其他线条连接。“忠”上边“中”的第一竖和横折的折都出头，左端连着反写“C”形，右端连着“C”形，中竖下延连上部首“心”第二点写成的短横；“心”的第一点写成“2”形，第三点写成“5”形，卧钩写成口朝上的“C”形。“信”变体为半包围结构，部首“亻”的撇写成3折线条以竖抵底，竖写成一折线条，横起右下挫拉长抵底，起笔不与撇连接；“言”的第三横写成“C”形。突出的构件，鲜明的线条，装饰感的特征有别于常规的书写，造型语言极具美感。

图3-109，“孝”第一横两头上翘再朝里折，竖下探至底，第二横左端上翘再朝里折，撇写成台阶状4折曲线；部首“子”的横撇写成横和右上方的点，竖钩写成口朝上的“C”形，中间连着下探的竖，横也写成口朝上的“C”形，压在下伸的竖上。“弟”上边的点和撇写成口朝左“U”形和口朝右“U”形2折曲线；竖折折钩的

图3-108　潮安区彩塘镇玲头村（清康熙三十六年）

图3-109　潮安区凤塘镇大埕村（清乾隆三十五年）

钩写成6折曲线，竖没过竖折折钩的第一折，而在上方的横折和横里多写了短竖，最后的撇写成8折曲线，以横起笔且过竖。“忠”上边“中”的第一竖和横折的折都出头再朝里折，中竖向下伸长；部首“心”的第一点写成“2”收笔下挫，第三点写成“5”形收笔下挫，两点紧挨在下伸的竖的左右，第二点写成横右端上翘，卧钩写成先竖再右折线条。“信”变体为半包围结构，上方多写了一横和下边连着的短竖，部首“亻”的撇横左端下挫拉长抵底，竖写成2折线条，也以竖抵底；“言”的第二横写成“25”形相连的曲线。背景为石材本色，文字连同边框施以藏青色，给人一种强有力的震撼感；文字体态优美俊秀，线条边棱深峻有力，屈曲刚锐，凝重古雅。

23. 寿（壽）比南山

图3-110，“壽”上边“士”的第一横两头上翘再朝里折，横折写成横，“工”下边的横缩短放在“口”的上方；部首“寸”的竖钩写成3折曲线，点写成短竖。“比”的横右端上翘，竖提变成

图3-110　潮安区彩塘镇华美村（清光绪年间）

两笔，写成竖起笔左折再下挫，竖下连着两头上翘升高的横，撇写成竖收笔左折，竖弯钩写成8折曲线。“南”上边的横写成“25”形相连的8折曲线，“门”的竖和竖钩都写成竖收笔朝里折，点和撇写成相背“C”形，里面的第一横两端伸长连着两边。“山”竖折的竖和第二竖都写成纵向13折曲线，左右对称。造型极具装饰美感，线条清雅，韵致毕现，设计出人意表。

24. 寿（壽）禄（祿）富贵（貴）

图3-111，“壽”省笔，上边“士”第一横缩短，第二横两头上翘再朝里折，下边连着两短竖都朝外折再下挫拉长至底，里面包容着“寸”，而“寸”的横两头上翘再朝里折，竖钩写成4折曲线，点写成纵向11折曲线。“祿”变体省笔，部首“礻”上边的点写成短横，横撇的横两头上翘再往里折，横撇的撇和第二点都写成短竖朝外折再下挫拉长抵底，竖缩短且上移压在短横中间；右结构“录”省笔，写成左上角留缝的卧式长方形下边连着曲了21折曲线。“富”的部首“宀”变体，写成短横压上短竖，连着两头上翘再往里折的横，再在下边连上两短竖朝外折再下挫拉长抵底的线条；下结构“口”的横中部往里凹。“貴”变体设计，“中”省笔成“十”，横两头上翘再朝里折，横下连着两短竖往外折再下挫拉长的曲线，部首“貝”的撇和点都写成竖往外折再上翘升高。受“寿”字上边“士”的影响，其他3个字的上边都设计成与“士”相同的造型，划一齐整，很有装饰性的审美趣味；以藏青色为背景色，文字及边框施以深红色，使图案看起来更加清晰醒目。

图3-111　潮安区凤凰镇康美村

25. 财（財）丁贵（貴）寿（壽）

图3-112，“財”部首“貝”横折的折下探，撇写成竖，点写成“己”字形5折曲线；右结构“才”的横两头上翘，竖钩写成纵向12折曲线，撇写成竖。“丁”的横上翘后连着“5”和“2”形曲线，竖钩写成拐了大小不一的曲线，一共有11折，布满了横下的空间。“貴”上边“中”横折的横中部下塌，变成竖穿过“凹”字形，中间的横两端下折拉长至底；部首“貝”的撇和点写成短竖下边朝外折。“壽”上边“士”的第一横两头上翘再朝里折，竖穿过第二横，横折起笔也下挫，“工”下边的横省略，部首“寸”的竖钩写成3折曲线，点写成短竖。宽边设计突出了整体性，显得更为厚重，造型于规整中寻求变化，线条柔顺圆润又隐含刚性张力。

图3-113，“財”的部首“貝”下蹲，里面两横写成“Z”形曲线，下边的撇写成短竖左下折，点写成短横；右结构“才”的横过“貝”上方，左端上翘后再右折，右端只是上翘，竖钩写成短竖右折再下挫拉长至底，撇写成短横左下挫。“丁”的横两端下挫连着似“2”和“5”曲线，竖钩写成先竖后11折线条。“貴”上边“中”横折的横中部下塌，中间的横两端下挫拉长，部首“貝”的撇写成短竖左下折，点写成短横。“壽”中“士”的第一横两头上翘再朝里折，

图3-112　湘桥区甲第巷
（清光绪十八年）

图3-113　潮安区东凤镇东凤村

横折起笔下挫，“工”下边的横省去，而把“寸”的横左伸到“口”的上方，竖钩写成3折曲线，把点写成的短竖放在“口”的右侧。石材本色的背景使红色的文字变得华丽生动，看起来别有一番风味；布局在规整庄重中不失机灵与变化，线条转折硬朗而线面微弧，方中有圆，柔韧与刚劲互见。

图3-114，“財”的部首“貝”下蹲，而“才”的横置其上，右端上翘，竖钩写成4折线条。“丁”的横两头上翘，左端似连着“弓”字形，右端似连着反写的“弓”字形，占去了整个字的上半部分，竖钩写成10折线条。“貴”的“中”横折的横中部下塌，中间的横两端下挫拉长至底。“壽”的“士”的第一横两头上翘再朝里折，竖直下至下边第三横，“工”减笔写成短横和短竖，置于竖的左右侧，“口”的竖出头，“寸”的竖钩写成3折曲线。造型浑厚可爱，线条圆润流动，尽显富贵之气。

图3-115，“財”的部首“貝”下蹲至左下角，“才”的横两头上翘且左端再曲了8折置于“貝”的头上，竖钩写成3折线条，撇写成短横左下挫。“丁”的横两端下挫，左端再连着似“弓”字形，右端连着似“5”和“弓”相连字形，竖钩写成先竖的5折曲线。“貴”上边“中”的横折的横中部下塌，中间的横两端下挫拉长，右端抵底；部首“貝”的撇和点都写成短竖收笔往外折，左长右短。“壽”中

图3-114　潮安区东凤镇儒士村

图3-115　潮安区金石镇仙都村

“士”的第一横两头上翘再朝里折，横折起笔下挫，“工”下边横省略，部首“寸”的横左伸到“口”的上方，右端下挫抵底。造型挺拔端庄，体态雄健；线条密而不乱，井然有序。

图3-116，“財”部首“貝”的横折的折下探，撇写成5折曲线，点写成短竖；右结构“才”的横左端伸延且上翘再朝里折，压在“貝”的头上，横的右端也上翘，竖钩写成4折曲线，撇写成短横左下挫拉长。“丁”的横两端下挫，左端连着12折纵向曲线，右端连着15折纵向曲线，竖钩写成竖至底左折再上翘。“貴”上边的“中”写成短竖连着“凹”字形，中间的横两端下折拉长；部首“貝”横折的折下探，撇和点写成短竖左折曲线和短横。“壽”中“士”的第一横两头上翘再朝里折，竖下探连上第三横，“工”写成短横和点，分别放于竖的左右侧，“寸”的横右端下挫抵底。圈边较宽，利用石质略微凹凸的肌理，凸显厚重感，线条利索鲜明，大气可人。

图3-117，“財”部首“貝”矮化，横折的折下探，里面两横写成闪电形2折曲线，第三横不封口，与撇连成一笔写成2折曲线；右结构“才”的横横压在“貝”上头，写成6折曲线，竖钩写成4折曲线，撇写成短横左下挫拉长曲线。“丁”的横两端下挫，左端连着8折曲线，右端连着15折曲线，竖钩写成6折曲线。“貴”上边“中”横折的横中部下塌，中间的横两端下挫拉长；部首“貝”横折的折下探

图3-116　潮安区东凤镇昆江村

图3-117　潮安区彩塘镇华美村

连上写成短横的点，第三横不封口连上撇而写成2折曲线。“壽”上边“士”的第一横写成朝下卧放的“弓”字形6折曲线，“工”的第二横右端略微伸出，第五横左端上翘，“寸”的横右端下挫，竖钩写成竖。石材本色的背景跟文字的红色明度对比强烈，图案看起来更加醒目；造型清瘦，线距稍宽，线条显得较纤细，可由于刚硬且棱角分明，丝毫也没有弱不禁风的感觉。

图3-112至图3-117的“寿”字写法各不相同，其余三字大同小异。

26. 财（財）丁科甲

图3-118，“財”的部首“貝”矮化，“貝”中两横均写成2折曲线，撇写成点，点写成一折曲线；右结构“才”的横凌驾于“貝”之上且两头上翘，左端再往里折，竖钩写成3折线条，撇写成一折线条。“丁”的横两端下挫，左端再曲13折，右端再曲15折，竖钩写成竖至底后左折至边。“科”的部首“禾”下蹲，上边的撇写成横，横左端下折，竖至底后左折，撇写成1折曲线，点写成3折曲线；右结构“斗”横跨“禾”上方，两点都写成横，横右端上翘，竖写成2折线条。“甲”的“曰”两条立边都往里面凹塌，竖下出圈后左冲右突，一路向下，拐了11弯以横收笔。造型章法井然，布局有序，线条屈曲繁密，毫无生硬呆滞之感。

图3-118　潮安区东凤镇东凤村

27. 财（財）丁富贵（貴）

图3-119，“財”部首“貝”矮化，“貝”中两横扭曲成闪电状2折曲线，下边的撇写成短竖往外折的曲线；右结构“才”盖过“貝”，其横左端下挫再朝里折，右端上翘后也朝里折，似板子敲在“貝”的头上，竖钩躬身曲了4折，撇写成竖。“丁”的横下移至字的中部，左端上翘直冲至顶，然后右折再下降回到横的旁边绵延出似“弓”字形的曲线，把横上方的空间全都占满了，横似为了求得重心的平稳，右端下挫并努力拉长；竖钩以短竖起笔延伸出一条9折曲线，在布满下方空间的同时更是协助横右端把整个字稳固下来。“富”部首“宀”上边的点写成短竖，第二点和横折连成一笔，与短竖构成“山”字形后两边的线条继续向外延伸再下挫拉长至底，部首看起来就像是一道大门，把“畐”关在里面，“畐”上边的横写成了横放的“S”形。“貴”上边“中”横折的横中部下塌，竖不过下边，中间的横一分为三，写成横和左右两竖；部首“貝”的撇写成短

图3-119　潮安区龙湖镇银湖村（清光绪二十四年）

竖左折的曲线，点写成短横。造型规矩端方且具装饰韵味，线条沉着厚朴而硬朗有力。

图3-120，“财”改变了写法，“貝”和“才”都增加了笔画，尤其是“才”如果单独使用几乎不敢确定就是它；部首“貝”写成“目”字形竖上不连接横折，横折的折下探至底后再左折，撇写成短横左下折抵底，点写成短横；右结构“才”的横两端上翘，竖钩写成6折曲线，在横下多写了横左下折抵底曲线，撇写成短横左下折曲线。“丁”的横两头往上翘起再朝里折，竖钩写成短竖后七曲八曲，一共曲了15道弯，把下面的空间填得密不透风，让整个字显得十分稳重，与“财”很是相应。“富”部首“宀”写成“山”形两条边起笔往外折再下挫拉长至底。“貴”上边的“中”横折的横中部下塌，中间的横两端下折拉长，部首“貝”的撇和点都写成短竖收笔朝外折曲线。石门簪的边圈较大，看起来十分厚重，造型端庄规整，舒展自如，线条清瘦秀丽，流畅滋润。

图3-121，“财”改变了形体，由左右结构变为半包围结构，部首“貝”下蹲于“才”的横下，让它庇护着，撇和点连成一笔，写成“几”字形；右结构“才”的横左端上翘后连着“C”形曲线，右端上翘后再往里折，竖钩的竖写成2折曲线，撇写为7折曲线，补足

图3-120　潮安区古巷镇象埔寨（清光绪三十年）

图3-121　潮安区浮洋镇陇头李村

“才”下面的空间。“丁”的横两端上翘，左端连着“5”形曲线，右端连着“2”形曲线，竖钩写成11折曲线，左曲右折之后以横沿着底边收笔。“富贵”二字自左而右向门中间排列。“富”部首“宀”上面的点写成短横，第二点和横撇连成一笔，写成横两端上翘后往外折再下挫拉长曲线；下结构“畐”上边的横写成口朝左“U”形曲线，“田”里面的横左端上翘而右端下挫。“貴”上边“中”横折的横中部下塌，中间的横两端下挫并拉长；部首“貝”的撇写成先竖后左折曲线，点写成先竖后右折再上翘2折曲线。背景的红色衬托文字的金色，与文字的内容相应，看上去更富有协调性；布局讲究均衡，线条富于变化又显得十分和谐。

图3-122，“财”变体为半包围结构，部首“貝”的竖和撇连成一笔，写成竖收笔连着反写“C”形曲线，横折与点合二而一，写成竖连着“C”形曲线，里面的两横都写成闪电形2折曲线；右结构“才”的横写成三横相叠的“2”形4折曲线，横盖在“貝”的上方，使结构显得更紧凑，竖钩写成先竖的2折曲线，其竖不过横且连在“2”形曲线末端，撇写成短横左下折拉长。“丁”增笔，横写成先横后右端下挫再拐了13道弯的曲线，然后再增写一横与原来的横平行，末端接在横下挫的线中间，竖钩改写为“U”形曲线，把其他的空间填满。“富”部首“宀”上面的点写为横，宝盖头的第二点和横折的折都写成拉长的竖；下结构“畐”的“口”写成“凹”字形，这样整个字显得很密实。“貴”上边“中”横

图3-122　潮安区江东镇谢渡村

折的横中部下塌，中间的横两头下折成竖立地；部首“貝”与“财”的“貝”写法一样。石门簪宽边围起，结构显得紧凑规整，线条时而灵动活泼，时而庄重严谨，给人古老而又鲜活的视觉感受。

图3-123，“财”改为半包围结构，部首“貝”矮了半截，里面的两横写成闪电形的2折曲线，撇和点都写成短竖收笔往外折；右结构“才”的横两头往上折，而左端再折了2折，竖钩在横上折了3折，似连着一个“C”形，横下又折了2折，撇写成短横左端下挫拉长。“丁”横的两头先往上曲了5折，然后左端又下坠弯了9道弯，右端下挫后又曲了11折，这样“丁”就好像很繁杂了，竖钩写成竖收笔左折。“富”部首“宀”第一笔的点改为往上冲的一短竖，第二笔的点和横折连成一笔，写成横两端上翘后往外折再下挫拉长；下结构“畐”的横写成口朝上的“C”形曲线。“貴”的“中”写成竖穿过“凹”字形，中间的横两端下挫再下拉成竖；部首“貝”写法与“财”的“貝”写法相同。体态清癯挺拔，线条秀逸稳练，很是悦人眼目。

图3-124，“财”的部首“貝”屈居左下侧，撇和点都写成短竖往外折曲线；右结构“才”的身体重量几乎一半压在“貝”的上头，横左端下挫，右端上翘升高，竖钩7折成线，似夸张又合乎情理，撇写成一折曲线。“丁”的横揉捻成弯曲线条，写成“己”字形连着“S”形的10折曲线，竖钩更极尽曲之能事，一共曲了16折。“富”

图3-123　湘桥区桥东街道涸溪村

图3-124　潮安区彩塘镇华美村

部首“宀”写成“山”字形两边向外折再下挫拉长；下结构“畐”上边的横写成口朝上的“C”形曲线，“田”拓展了土地。“貴”上边的“中”省笔，写成横两头上翘后朝里折再下挫，中间的横两端下挫拉长；部首“貝”的撇和点都写成一折曲线。“财丁”两字造型设计较为夸张，线条曲折角强线刚，可因多曲而又给人以动感和轻柔感。

图3-119至图3-124“财丁富贵”中“富贵”两字写法大体相同且较容易辨认。“财”的结构多作了改造，由原来的左右结构改为半包围结构。“丁”本来只是简单的两笔，且下面除一竖钩外是空洞洞的，可在这里却挤得满满的，“丁”在这里可以说是变化多端，可整体看规整而有秩序。图3-120和图3-122两个方圈的边相对来说较大，这样的外部轮廓安排不只是突出中间的纹样，在表达文字本身内容的前提下更进一步凸显了石门簪的统一性；同时让人看起来真的就像两枚官印一样，更能使人肃然而生敬畏之心。

28. 财（財）丁兴（興）旺

图3-125，“财”部首“貝”里面的两横写成反写的“Z”形，下边的撇和点连成一笔，写成“2”形收笔上翘；右结构“才”的横右端上翘升高至顶，竖钩写成3折线条，撇写成短横左下挫。“丁”的横写成15折线条，横的右侧只下挫一坠至底，左右很不对称，竖钩写成13折线条。“興”的上部分变体，写成“门”里面放着“井”，下边再连着右端上翘至顶的横；下边的撇写成9折线条，以竖上冲收笔，点写成8折曲线。“旺”部首“日”横折的折下坠再曲了11折；右结构“王”的第一横两端下挫，第二横和第三横都两头上翘。在浅蓝色的背景中金色的文字给人造成强烈的视觉冲击力，更

图3-125 潮安区古巷镇孚中村

容易吸引人的目光；结构在失衡中求得和谐，充满形式美，线条舒卷自如，吞吐一贯。

图3-126，“財”部首“貝”里面两横写成闪电形2折曲线，撇和点都写成短竖收笔时朝外折曲线；右结构“才”的横盖过“貝”且两头上翘，左端还再往里折，竖钩写成4折曲线，撇写成一折曲线。“丁”的横两端下挫，左端连着“弓”字形曲线，右端连着反写“弓”字形曲线，竖钩写成竖后曲了9折的曲线。“興”上边长高，撇和竖连成一笔，写成3折曲线，“同”横折的折收笔时左折再下挫，里面“口”的竖省略，第三个横折的折收笔时左折再下挫，部首“八”的两笔写成短竖收笔往外折曲线。“旺”的部首“日”上移并缩小，横折的折下探并曲了6折；右结构“王”的第一横写成“2”形曲线，第二横两端下挫，第三横两头上翘。背景的红色和文字及边框的金色，其固有的充满正能量的色彩意象与文字内容相契合，加强了受众的印象；造型秀丽挺拔，古意盎然；线条清逸硬朗，气韵雅致含蓄。

图3-127，“財”变体为半包围结构，部首“貝”横折的折下探，撇写成2折曲线，点写成一折曲线；右结构的“才”几乎压在“貝”的头上，横两头上翘再朝里折，竖钩写成沿着边以竖收笔的4折曲线，撇写成口朝上的“C”形曲线。“丁”的横两端下挫后左端连着12折曲线，右端连着15折曲线，竖钩写成竖至底后左折。“興”上边的撇和竖连成一笔，写成3折曲线，“同”里面写成三短横，横

图3-126　潮安区江东镇独树村

图3-127　潮安区东凤镇仙桥村

折的折收笔时再左折下挫，与左侧形成对称关系，中间的横两端下挫；部首“八”两笔都写成6折曲线，左右对称。“旺”部首“日”的竖上不连横折、下不连横，横折的折下探至底，最后的横写成横左端下挫至底；右结构“王”写成口朝上“C”形曲线下边连着“出”字形。造型在变化中求均衡，淳朴大方；线条拙厚宽绰，壮硕有力。

29. 财（財）丁兴（興）旺 联（聯）登科甲

图3-128，“財”部首“貝”里面两横都中部下塌，撇和点都写成先竖后朝外折的一折曲线；右结构“才”的横左端下挫，右端上翘，竖钩写成4折线条，撇写成“5”形收笔下挫的5折曲线。“丁”的横两端下挫后再曲了6折，左右对称，竖钩写成8折线条。“興”上部分“同”中“口”的竖移位并写成横，其余两笔连上左边，左侧的撇和竖连成一笔，写成横左折拉长再右折下挫，第二横写成短横右上翘，右侧的横折收笔再左折下挫，第一横左端上翘，下边的撇和点写成短竖再朝外折拉长。“旺”部首“日”的竖写成先竖后曲的7折线条，里面的横写成短横右端上翘，最后的横省略；右结构“王”的第一横两端下挫再往里折，第二横两头上翘后再朝里折，第三横写成“25”形相连的8折线条。左石门簪四字自上而下从左至右排列。“聯”部首“耳”的第一横和第二竖连成一笔，写成横折拉长，第一竖先竖后再2折，提写成“5”形4折曲线；右结构上部分两个“幺”都写成短竖连着的上下两个“口”，下部分写成横两头上翘，中间加上两竖收笔往外折。“登”的部首“癶”写成中间短竖，左右两个中竖下探的“山”字形；下结构“豆”省

图3-128 湘桥区桥东街道黄金塘村

笔，写成短竖连着朝下“弓”字形8折线条和下边11折线条。“科”部首“禾”上边的撇写成横，横两头上翘，第二撇跟右结构“斗”的横连成一笔，写成3折曲线，点写成短横右下折；右结构“斗”的第一点写成横左上翘，第二点写成横，竖写成6折线条，在“斗”左下角多写了一短竖。“甲”的第一竖和横折的折的中部都往里凹，成为4折曲线，第一横中部往下凹，第二横中部往里凸，都成4折曲线，中间的竖出圈后曲了8折，填满了下空间。金色的文字用白色作背景，正确传达出色彩，使内容更加清晰易懂，并表现出空间的深度；造型丰满稳重，线条骨力强劲，如若棉里裹铁。

30. 财（財）喜登门（門）

图3-129　潮安区龙湖镇龙湖寨

图3-129，“財”部首“貝”横折的横不连上竖且其折跟下边的点相连拉长至底左折，里面的第二横写成2折曲线，撇写成短竖连着“5”形的5折曲线；右结构“才”的横右端上翘升高，竖钩写成3折曲线，最后的撇写成一折曲线。“喜”上边“士”的第一横两端上翘再朝里折，点和撇写成竖朝里折再下挫的2折曲线，横两端下挫至底。“登”部首“癶”写成反写“E”形和正写“E”形收笔下挫拉长抵底；下结构“豆”上边的横写成口朝左的“U”形2折曲线，点和撇写成短竖起笔朝外折的一折曲线；“門”写成并排两个“日”字形外边下延后再曲了6折的线条，左右对称。造型规矩挺拔，线条坚实洗练，朴实无华而蕴含独特气韵。

图3-130，“財”部首“貝”横折的折跟下边的点连成一笔，下延至底后左折再上翘，里面的两横都写成2折曲线，撇写成一折

曲线；右结构“才”的横右端上翘升高至顶再左折，竖钩写成3折曲线，撇写成一折曲线。“喜”上边“士”的第一横两头上翘再往里折，第二横缩短，点和撇写成“弓”字形和反写“弓”字形曲线压在横的上面，第二个“口”写成“凸”字形。“登”部首“癶”左大右小，左侧写成3折曲线连接以竖抵底的3折曲线，右侧写成一折曲线也连接以竖抵底的3折曲线；下结构“豆”的点和撇都写成短竖起笔朝外折曲线。“門”写成并列的两个“日”字形外边下延再曲了11折曲线，左右对称。石材本色的背景在文字及边框红色的浸染下带有浅浅的红色，与文字和边框的红色形成了明度差，让石门簪既有协调感又绚丽多彩，并且进一步提高了视认度；造型简洁而具有形式美，线条疏密停匀尽显匠心之妙。

图3-131，“財”的部首变体，“貝”写成纵向14折曲线和2折曲线；右结构“才”的横写成“弓”字形曲线，竖钩不过横，写成以竖收笔的2折曲线，撇写成竖。“喜”上边“士”的第一横两头上翘再往里折，第二横右端下挫连接第一个“口”外延的横，第一个“口”缩小，横折的横起笔外伸且下挫再连接下边的横，而横上的点和撇省略不写；第二个“口”的竖写成短竖左折，横折的横跟折分开，写成横左下折再与横连接，而横折的折写成2折曲线。“登”部首“癶”左侧写成“日”字形竖下延至底，右侧写成“E”形收笔下挫

图3-130　潮安区庵埠镇文里村

图3-131　湘桥区磷溪镇埔涵村

拉长抵底；下结构“豆”的点和撇写成反写“C”形和“C”形2折曲线。“門”增加了笔画，左侧写成“日”字形竖下伸至底，右侧写成“日”字形横折的折下延抵底，里面的横右端下挫出圈后曲了4折，一条6折曲线再接上了它。背景的藏青色跟文字及边框的金色形成色相对比，使图案给人一种强而有力的感觉；造型讲究均衡，在规则中有所变化，线条虽稚嫩婉约，但不乏刚劲之力。

31. 财（財）登贵寿（壽）

图3-132　湘桥区中山路（清同治年间）

图3-132，“財”部首“貝”中的“目”上提，撇和点都写成纵向9折曲线；右结构“才”的横缩短，竖钩写成8折线条，撇写成一折曲线。“登”部首“癶”写成反写“E”形和正写“E”形收笔下挫拉长抵底；下结构“豆”的“口”写成空心的“工”字形。“貴”上边“中”的“口”上边中部下塌成“凹”字形，中间的横两端下折拉长至底；部首“貝”的撇和点都写成短竖往外折的曲线。“壽”上边“士”的第一横两头上翘后往外折再下挫，横折起笔时左端也下折，“工”省笔成一横；部首“寸”的横左端伸延至边，竖钩写成3折曲线，点写成短竖。造型优雅恬静，线条圆润而刚劲，挺拔有力。

32. 财（財）登科甲

图3-133，“財”变为半包围结构，部首“貝”屈居于左下方；右结构“才”的横写成“2”形横拉长上翘，竖钩写成8折曲线，撇写成短横左下折。“登”的部首“癶”左侧设计为“丩”形竖左折下挫，竖折下一短横，右侧写成竖右折再下挫线条，在折横之上有一个

口朝左“C”形和其下一短横；“豆”上边的横右端连着2折线条，点和撇都写成短竖起笔朝外折曲线，整个字右侧偏大。“科”部首“禾”上边的撇写成口向左“U”形线条，横两端下挫，且左侧的还曲了3折，

图3-133　潮安区庵埠镇文里村

竖抵底左折，第二撇写成“5”形连着竖，点写成短横右下折拉长至底；右结构“斗”两点写成上下两条短竖右折曲线，横写成短横左下折拉长至底，竖自顶至底，跟点和横的右端连在一起。“甲”的圈向下拉长，设计为“十”字形连着的上下相连的4个正反“弓”字形曲线，左右对称，中间的竖如龟头只露出壳一点点。形体的变化求得造型的稳重，线条的屈曲显得更为温厚含蓄。

33. 财（財）登富贵（貴）

图3-134，“財”部首“貝”中的三横都写成2折曲线，撇写成一折曲线；右结构“才”的横压到“貝”的头上且右端上翘，竖钩写成先横的4折曲线，撇写成短横左下挫拉长。“登”的部首写成反写“E”形和“E”形收笔下折拉长；“豆”上边的横写成口朝上的“C”形曲线，点和撇都写成短竖起笔往外折。“富”变体省笔，部首“宀”上边的点写成短竖，第二点和横折连成一笔写成6折曲线；下结构“畐”上边的横省略，“田”减笔变形，写成“弓”字形收笔再曲了7折曲线。“貴”变体，上边是

图3-134　潮安区彩塘镇华美村

接近左上角留缝的卧放长方形，下边左侧是一个“C”形曲线，右侧是一横，“C”形下边是“月”字形，其中的第二横写成2折曲线，横的下边是上下两个“U”形曲线，其中上边“U”形的左边起笔左折再上翘连上横的左端。结构变异奇特而又在情理之中，线条温厚含蓄而又充满张力，设计者自由的灵动对抗着时光的销蚀，至今仍能感受到它的活力。

34. 诒（詒）燕

图3-135，“詒”部首“言”多写了一笔，点写成反写“C”形起笔上翘收笔下挫的4折曲线连着4折曲线，在它的左侧多写了“C”形2折曲线，第二横和第三横都写成上宽下窄的口朝上“C”形曲线，第二横较短，“口”两立边出头，上边长下边短；右结构“台”的“厶”写成7折曲线，“口”写法与部首的“口”相同。“燕”上边“廿”省略了第二横，两竖写成撇和捺收笔相连，在左右多写了一撇和一捺，“口”左侧的竖和提连成一笔写成竖左下折，右侧竖弯钩写成竖右下折，部首“灬”写成撇和捺下边一个“人”字形。造型粗犷有力，古朴神秘，线条硬朗犀利，质朴粗野，表达了深沉的情感，令

图3-135　潮安区浮洋镇陇头李村

人不得不细细地体味。

35. 垂裕后（後）昆

图3-136，“垂”的撇写成口朝左“U”形，第一横两头上翘，写成口朝上“C”形，竖不过横，除最后一笔的横外其他四笔都变形，在竖左侧写成上反写“C”形下“2”形，在右侧写成上“C”形下“5”形。“裕”写成上下结构，部首“衤”省笔写成“示”，上边的点写成横，横撇的横两头上翘，横撇的撇和第二点连成一笔，写成口朝下的“C”形，让竖从中间穿过；“谷”写成像“尚”字，上边的撇写成反写“C”形，点写成“C”形，“人”写成“冂”上边连着竖。“後”部首“彳”写成上下两个反写“C”形和下边一条纵向8折曲线；右结构上边的“幺”写成短竖连着上下两个“口”字形，下边的撇写成横左下挫，横撇写成3折曲线，捺写成一折曲线。“昆”部首“曰”左上角不封口，里面的横左端上翘顶在口上，下边的横写成横右上翘；下结构“比”竖提写成竖上下端右折，下端稍长，撇

图3-136　潮安区沙溪镇沙二村

写成横右端上翘，竖弯钩写成8折曲线，线条迂回连接，以长方形收笔。造型优雅庄重，线条排列整齐均匀，富有整体美感。

36. 诗（詩）礼（禮）

图3-137，“詩”部首“言”多写了两笔画，点写成短横，首横两头上翘，第三横缩短，增写一竖自首横下串，至增写的第四横止，下边的“口”设计成一个空心的“工”字形；右结构“寺”上边第一横两头上翘再往里折，“寸”的横拉长2折成凹口朝左的“U”形曲线，竖钩写成先横后下挫6折长线，长线至底后左折再往上又右折，点写成短横。“禮”部首“礻”上边的点写成横，横撇先写横，然后在距左端约三分之一处写上撇，往左下连上一短横，再下挫成竖，竖写成口朝左“U”形曲线收笔下挫拉长抵底，点写成纵向8折线条；右结构“豊”上边“曲”的中间两竖上端均朝外折，下边“豆”的点和撇写成相背的两个“C”形，下边的横省去。斑驳的石纹，规整的造型，敦实的线条，展示了几百年来岁月留下来的沧桑感和中华民族不可磨灭的优良文化内蕴。

图3-138，“詩”左结构比右结构胖了一点，部首“言”的点写成短横，第一横两头上翘，“口”先写成凹口向上的“C”形曲线，再在它里面连上一横；右结构“寺”上边的“土”第一横两头上翘，高与竖齐，下边“寸”的横收笔上翘，竖钩写成先短横的4折线条，

图3-137　潮安区凤塘镇和安寨（清顺治年间）

图3-138　潮安区凤塘镇和安寨（清顺治年间）

点写成短竖抵底。“禮”部首“礻”上边的点写成横，横撇写成横右下折再左折下挫拉长线条，第二点写成短横右下挫线条，连着竖；右结构“豊”的“曲”上边两出头写为四出头，“豆”的第一横移位，写成竖置于左边，“口”左上角不封口，底横两头各下挫一点，横下中间再多了一点。“诗礼”两字左右结构看起来靠门中间的大，朝外的小。红色的背景跟金色的文字界限清晰，视觉的清晰程度使其更具有易读性；造型在规整中变化，极具形式美，线条大方简洁，质朴无华。

图3-139，“詩”左右结构设计成大小等同，部首“言”的点写成横，第一横两端下挫各曲了8折，左右对称，第二横变为竖，上端连着第一横；右结构“寺”上边“士”的第一横两头上翘再往中间折，“寸”的横写成上下相叠的口朝左“U”形2折长线，竖钩写成7折线条，至底后左折拉长，点写成“2”形曲线。“禮”也设计成左右大小相同结构，部首“礻”的上边的点写成横，横撇先写横，撇改写为曲12折纵向曲线，第二点也写成12折纵向曲线，与先写的曲线左右对称；右结构“豊”上边的“曲”变体设计，里面两竖一省去，一抽出写为横放在“曰”字形上，其两端下挫拉长抵底，下边“豆”的点和撇都写成短竖起笔朝外折曲线。造型稳重端庄中以曲折变化的线条突出其精巧。

图3-140，“詩”部首“言”增写了一笔，点写成短横，第一横

图3-139　潮安区浮洋镇井里村（清雍正十一年）

图3-140　潮安区古巷镇孚中村（清乾隆十一年）

两头上翘，第二横也两头上翘并连接第一横，长约它的一半，第三横还是两头上翘，“口”设计成空心的“工”形；右结构“寺”上边“土”的两横都上翘后再往里折，整个看起来好像“出”字，下边“寸”的横左端下挫后右折，竖钩设计成6折长线，先横起，后右下挫连着横，再下移似连着“5”形线条，点写成“C”形曲线，置于“寸”的左下方。“禮”部首“ネ”上边的点写成短横，横撇分开写，先横两头上翘后再朝里折，撇改写为沿着边曲了13折的纵向曲线，上连着横，第二点也改写为13折纵向曲线，也上连着横，两纵向曲线左右对称；右结构“豊”上边的“曲”写成四竖出头，两边还略往里折，下边的“豆”变体，设计成一个“2”形下部在“口”之中的图案。构图拙朴中不失典雅，均衡中不失灵变，富有形式美，可读性强。

图3-141，“詩”的部首“言”增加了笔画，点写成横，第二横写成“U”形曲线，向上连着第一横，第三横两头上翘，接近第一横，多写了一竖，竖一头连着第二横，再压过第三横，另一头连着“口”，下边的“口”两立边出头再朝里折，“口”中多写一横；右结构“寺”的“土”第一横两头上翘再朝里折，第二横设计成“25”收笔相连曲线，“寸”省略两笔，设计为“弓”字形。“禮”的部首“ネ”设计成比右结构还大一点，上边的点写成横，把横撇的撇写成纵向12折曲线，置于左边，第二点写法与撇相同，左右形成对称；右

图3-141　潮安区金石镇湖美村（清光绪十年）

结构“豊”上边的“曲”写成的“U”形曲线，里面并排两个“丰”，下边“豆”的点和撇跟横连为一体，写成缺了上边短横的“凸”字形，连接着上边的“口”。金色的文字搭配白色的背景，明度变高，看起来明亮轻快；构图中正均衡，笔画增减有度，线条清晰雅致。

图3-142，“詩”部首“言”稍胖并增笔，点写成横，第二横和第三横都写成两头上翘的“C”形曲线，第二横较短，翘头连着第一横，添写了一竖，上端连着第二横，下端连着“口”，而“口”的竖和横折的折出头，然后各3折，凹口朝外，与横构成“25”形相连曲线；右结构“寺”上边“土”的第一横设计成“25”形相连的线条，第二横两端下挫拉长至底，下边“寸”多写了一笔，写成短横右下折拉长抵底，有两短横上下放置，连着竖线，在其最下边写了一点。“禮”部首“礻”稍变大，上边的点写成短横，横撇分开写，其横两头上翘后再3折至顶，又似“25”收笔相连，撇和第二点设计成正反两个“弓”字形，置于竖的左右两边；右结构“豊”变体设计，上边似“开”形，撇和竖写成先短竖然后朝外折再下挫拉长抵底，左右相向，里面写了上下两个“口”，一短横置底。构图讲求大小对等，在变化中取得平衡，线条简约而不简单，清晰优雅。

图3-143，采用毛笔书写篆体，“詩”变体省笔，部首“言”写成“U”形线条穿过一个锐角在上的三角形，三角形下边连着一条收笔为横的曲线；右结构“寺”上边“土”的第一横在竖左边的部分省

图3-142　潮安区浮洋镇田头何村

图3-143　潮安区龙湖镇龙湖寨

去，下边“寸”写成凹口朝左上方的“C”形弧线，一撇压其上斜至右下角，一短横置弧线下。“禮”部首“礻”上边的点省去，写成一横和下边“水”字形的3条纵向微曲线条，中间一条连着横；右结构“豊”变体，上边的“曲”写成“巷”的上半部分，下边“豆”的上横移入一个圆里面，而圆上方多了一个点。书写流畅，运笔圆润，苍茫浑厚，给人古朴而灵动的艺术感受。

图3-144，“詩”部首“言”多写了一笔，点写成横，第一横下塌成4折曲线，第二横两头上翘，第三横变短，增写的一笔为竖，上连第一横，穿过第二横和第三横连着下边的“口”，“口”的横折分开写，竖和折都出头；右结构“寺”上边“土”的第一横两头上翘再往里折，下边“寸”的三笔不相勾连，各成曲线，位置设置为：最上方是竖钩写成的6折长线，其次是横写成的口朝左“U”形2折曲线，最下方是点写成的口朝左“U”形2折曲线。“禮”部首“礻”变胖，上边的点写成横，横撇先写一横，撇和第二点分别形成纵向12折曲线，左右对称；右结构“豊”上边的“曲”两竖的头分别朝外折，下边“豆”的点和撇跟横写成似“北”字形。形体结构左右对称，给人中正规整的感觉，线条曲直设计有致，让人看了难以忘怀。

图3-145，“詩”部首“言”添笔变体，点写成横，第一横和第三横都写成两头向上翘的“U”形曲线，第三横较长，凹口里面容下了第一横和第二横，下边的“口”改写为“由”，中间的竖上连第二

图3-144　潮安区沙溪镇浦边村

图3-145　潮安区彩塘镇林迈村

横；右结构“寺”上边“土”的横两头上翘后再往里折，竖缩短，只至第一横，第二横下移写成凹口朝左的“U”形2折曲线，下边“寸”的横好像一个“5”形承着“土”的第二横再下挫右折至边，竖钩和点分别设计成短竖收笔朝外折短线，就像足尖朝外的双脚。“禮”部首“ネ”上边的点写成横，横撇分开写，其横缩短，撇和第二点写成13折纵向曲线，上与短横齐；右结构“豊”上边的“曲”设计成中间两竖砍掉了露出的头，其包含的横折中线段也剔除掉，下边“豆”的下横上移至第一横上边，而第一横写成口朝右“U”形2折曲线，点和撇分别写成一折曲线，与“寺”的下方对应。构图为求紧实而变化，线条硬朗而不乏柔润。

图3-146，“詩”部首“言”的点写成横，第一横中部下塌成曲线，第二横两头上翘升高，第三横写成竖，上顶第一横，下连着“口”，而“口”的竖和横折的折出头后再往里折；右结构“寺”上边“土”的第一横两头上翘后再往里折，下边“寸”的横写成凹口朝左的“U”形2折长线，竖钩写成横折再左折上翘线条，线条横部分在凹口里，折与其折重叠，点写成“2”形。“禮”部首“ネ”变胖，与“詩”对应，看起来结构都朝门边的大；部首“ネ”上边的点写成

图3-146 潮安区金石镇仙都村

短横，横撇的横两头上翘，撇设计成“5”形，第二点设计成“已”形；右结构“豊”的“曲”中间两竖分别往外折，“豆”的点和撇写成短竖，横两头上翘。构图讲究均衡对称，疏密有致，线条流畅劲逸，清新可人。

图3-147，“詩”部首“言”增加了四笔，点写成横，第二横写成凹口向上的2折曲线，上顶第一横，第三横也写成凹口向上的曲线，增加的四笔是一竖连着一横中间和一横中间下连着竖，上边的竖直连第二横，下边的竖连着“口”，而“口”的竖和横折的折都出头再朝里折；右结构“寺”上边“土”的第一横两端稍微出头，第二横两端上翘后再朝里折，看起来好像是“出”字，下边“寸”的横好像“Z”起笔下挫拉长，竖钩写成横下折再左折线条，分别跟“Z”形曲线的右边两个点连着，点写成短横，左端与“Z”形曲线的下挫线条连着。“禮”部首“礻”上边的点写成短横，横撇的横两头上翘，撇和第二点各写成纵向的12折线条，左右对称；右结构“豊”的“曲”中间两竖不出头，而两边的边却上升再往里折，“豆”的“口”变写，竖和横折的折都收笔往里折再下挫，连着下边的横，点和撇省去不写。造型图案感明显，装饰性强，线条筋壮骨强，充满张力。

图3-147　潮安区沙溪镇高楼村

图3-148，“詩”部首“言”的点写成横，第二横和第三横都写成两头上翘曲线，第二横较短，上连第一横，增写了一竖，上连着第二横，下连着“口”，而“口”的竖和横折的折都出头再3折，左右对称；右结构“寺”的“土”第一横设计成“25”形连着的曲线，“寸”的竖钩写成横折，放在横的下边，点写成凹口朝右的“U”形曲线。“禮”部首“礻”上边的点写成短横，横撇的横两头上翘后再朝里折，把短横半包围在里面，撇写成纵向8折曲线，第二点一写成二，写成上“S”形下反写“C”形两曲线纵向排列；右结构“豊”变体设计，“曲”似“开”，撇和竖分别向外折后下挫拉长至底，“豆”的上横变化写成“口”形与下边的“口”相叠，两点省略。体态雍容大方，线条少了点刚劲，多了些柔婉。

图3-149，毛笔书写篆体，“詩”部首“言”变体设计，写成上边似“爪”，下边两条弯曲线条上下相扣而不相连；右结构“寺”的“寸”省写，“土”第一横上翘升高，第二横置底。“禮”也变体设计，部首“礻”写成上边似一个朝下的箭头，连着下边弯了几个弯的曲线；右结构“豊”上边“曲”的竖和横折的折出头，横两头外伸，写成弧口朝下的一个半圆线条，“豆”的第一横也写成弧口朝下的弧线，“口”写成上边尖的“日”，点和撇省略。两字单独使用可能人们会不知何字，而一起放在门上可以说是不难辨认的，化简驭繁，变

图3-148　潮安区浮洋镇井里村

图3-149　潮安区彩塘镇华美村

体花样，别具一格；较多的曲线为画面增添了轻柔感和动感，从而完美呈现出轻柔优美的感觉。

图3-150，“詩”部首“言”增写了两笔，点写成横，第二横和第三横都两头上翘，第二横上翘后连接上第一横，增写两笔成“十”字形，上顶第三横，下连着“口”，“口”的竖和横折的折出头，后连着相背的“C”形；右结构“寺”上边“土”的第一横写成“25”形相连曲线，下边“寸”的横写成口朝左的“U”形2折线条，竖钩写成横折线条，横插在“U”形曲线条里面，两条折的竖线相叠，点写成横，并再多写了一笔，成上下并列的两横线。“禮”部首“ネ”上边的点写成横，横撇分开写，其撇和第二点都写成纵向12折曲线，左右对称；右结构“豊”的“曲”中间两竖升高，第一竖和横折的折都出头再3折，成相背的“C”形，高与中间两竖齐，“豆”中“口”的下横中间断开，点和撇写成短竖，上与断口连接，下接着横。构件的变化服务于造型的规整，笔画的增添及屈曲突出线条的灵变。

图3-151，“詩”部首“言”稍微增胖，并增添了三笔，点写成横，三条横都写成两头上翘线条，第二横两头连着第一横，增写笔画，先是一个“十”字形，其竖往上穿过第三横接上第二横，向下连着由“口”增笔变体的“日”，“日”形的竖和横折的折出头后再朝里折；右结构“寺”上边“土”的第一横左端上翘再朝里折，竖起笔

图3-150　潮安区江东镇谢渡村

图3-151　湘桥区凤新街道西塘村

往右折抵边，第二横写成口朝上“C”形4折曲线，下边“寸”的横写成底横中间留缝的“口”字形，竖钩写成底边中部留缝的卧放长方形收笔下挫穿过横再左折曲线，点省略。“禮”部首“礻”也稍胖，上边的点写成短横，横撇的横两头上翘再朝里折，其撇和第二点都写成纵向12折线条，左右对称；右结构“豊”上边“曲”的两条边出头，高与中间两竖齐，下边“豆”的点和撇与底横分别写成两短竖和两头上翘后朝里折曲线，它们紧连在一起并支撑着上边的“口”。造型憨厚端庄而不失灵秀，线条坚实凝重蕴含内劲。

图3-152，“詩”部首“言”增加了三笔，点写成横，第二横和第三横两头都上翘，第二横较短且两头上连第一横，增写的三笔先是一竖，上穿第三横顶着第二横，下连着“口”，另两笔为“52”形，居于竖的左右两边；右结构“寺”上边“士”的第一横两头上翘再朝里折，下边“寸”的横右端上翘再往里折，竖钩写成9折线条，点写

图3-152　湘桥区磷溪镇仙田村

成短竖，置于曲线收笔处的上方。“禮”部首“礻”的点写成短横，横撇的横两头上翘，撇和第二点都写成纵向12折曲线，左右对称；右结构“豊”上边“曲”两竖都朝外折，“豆”下边的点和撇与两头上翘再内折的横连为一体并顶着上边的“口”。造型古雅俊美，线条清润有力，增强了装饰魅力。

图3-153，“詩”部首“言”多写了两笔，上边的点写成短横，第一横两头上翘，在第二横之下多写了“十”字，其下的横也两头上翘，“口”字写成空心的“工”字形；右结构“寺”上边“土”的第一横两头上翘后再往里折，下边“寸”的横写成口朝左的“U”形曲线，竖钩写成6折曲线，点写成短横。“禮”部首“礻”上边的点写成横，横撇的撇写成立于底上的竖，竖写成先曲了4折才一竖至底的曲线，第二点写成8折纵向曲线；右结构“豊”上边“曲”中间两竖都起笔向外折且把横折的横和里面的横切断剔除掉，“豆”的点和撇写成横右下挫和横左下挫曲线。布局或紧凑或舒缓，高低应和，错落有致，具有清雅闲适的趣味。

图3-154，“詩”变体设计，部首“言”自上而下设计成“古”字形、“口”字形和横，“古”字形的横上翘后往里折，第二竖和横折的折出头并往里折，“口”字形的竖和横折的折都内折再上翘；右结构“寺”上边“土”的第一横两头上翘再朝里折，竖不下穿横，

图3-153　潮安区龙湖镇龙湖寨

图3-154　潮安区东凤镇鳌头村

第二横右下折直坠底边再左折又曲了6折，下边“寸”写成“工”字形。“禮”部首“礻”设计成一个对称的造型，写成竖撑着两头上翘的横，里面盛着横，竖左右各有一条纵向的12折曲线；右结构“豊”上边“曲”中间两竖的头都朝外边折，里面多写了一横。构图均衡和谐，浑厚庄重，线条方正棱利，工致精微，具有较高的艺术造诣。

图3-155，“詩”部首“言”上边的点写成短横，第一横两头上翘，第二横和第三横写成2折曲线，上下相扣而不连接，“口”的竖和横折的折都露首再朝里相迎；右结构“寺”上边“土”的第一横两头上翘再朝里折，下边“寸”的横写成口朝左的上边长下边短的“U”形曲线，竖钩写成4折回旋纹曲线，把由点写成的横包围在里面。“禮”部首“礻”写成上边中部留缝的“口”字形，里面装着点，一条以竖收笔的4折线条支撑着它，4折线条左右各有竖线，左高右低；右结构“豊”上边“曲”中间两竖都头朝外探，下边“豆”的点和撇都写成短竖往外折再上翘升高，把“口”盛在里面。文字结构和造型布局有独特的技巧，线条或直转而下或一波三折均恰到好处。

图3-156，“詩”部首“言”长胖，点写成横，第一横两端下挫，似低垂的绸练曲了7折，第二横写成竖顶着第一横；右结构“寺”上边“土”的第一横两头上翘且朝里折，下边“寸”的横写成口朝左的“U”形曲线，竖钩曲了6折至底后再左折伸长，点写成

图3-155 潮安区凤塘镇后陇村

图3-156 潮安区浮洋镇高义村

“2”形曲线。“禮”部首“礻”变形，上边是口朝左的“C”形曲线，下边一竖支撑着横，横的两端下挫后又曲了11折，左右对称；右结构“豊”也变体，上边“曲”写成横两端下折，一坠至底，把“日”字形和“豆”字都挡在里面。构图善变，灵巧中显露庄重，利用石纹肌理表现线条的凹凸感，给人质朴而崇高的艺术享受。

图3-157，“詩”变体设计，部首“言”上边写成短竖上接左端上翘升高的横，横上面是底边中部留缝的“口”字形，里面有一点，下边是口朝上的“C”形曲线，一竖上顶着它，一条“52”形连着的曲线横压在竖上；右结构“寺”自上而下是“口”字形、反写“弓”字形、横和“口”字形。“禮”部首“礻”写成横左端上翘连着“5”形曲线，右端上翘连着“2”形曲线，下边是似平衡顶的横和竖，竖左侧是“弓”字形曲线，右侧是反写“弓”字形曲线；右结构“豊”上边“曲”的中间两竖写成起笔连着口朝下的“C”形曲线的两端，下边“豆”除了第一横外其他笔画写成“52”形相连的曲线。构件层叠堆积，具有清新的层次感，在变化中表达均衡与稳重，奇特的设计不由不让人感叹古人想象力之丰富。

图3-158，“詩”部首“言”变形添笔，写成八横和一竖，其中的第三横缩短并两端上翘连着第二横，第四横也两端上翘，第七横两端上翘后再朝里折，竖自第三横连至第七横；右结构“寺”上边的

图3-157　潮安区浮洋镇潘吴村

图3-158　潮安区浮洋镇厦里美村

“土”写成像“出”字形，下边“寸”的横右端下折后再左斜折，竖钩写成一折曲线，点写成2折曲线并跟横末端和竖钩的起始处连接。“禮”的部首“礻”写成一竖支撑着两端上翘的横，上边放着一短横，竖左右侧立着对称的纵向12折曲线；右结构“豊”上边“曲”的第一竖和横折的折都出头并朝里折连上第二竖和第三竖，下边“豆”的竖和横折的折都收笔时朝里折再下挫，点和撇省略。构图讲究平衡对称，中正规整，线条曲直有致，刚柔得宜。

图3-159，毛笔书写篆体。“詩”变体省笔，部首“言”写成上边一条弧线下连着两点，下边又一条弧线连接着另一条弧线，就像“人”字形似的；右结构“寺”只写了“土”，写法接近“之”：一竖和两短竖，短竖收笔时右上左下往里折连着竖，竖下边连着横。“禮”部首“礻”写成一波浪起伏的弧线，弧线在上边第一波左侧连着两短线条；右结构“豊”上边“曲”的第一竖和横折的折都出头与中间两竖齐高，横折的横长，第二横短，形状似一个斗，下边“豆”

图3-159　潮安区彩塘镇林迈村

的第一横写成箭头似的折线，“口”的竖和横折的折起笔连接，横折的横下移，看起来就像大小两个等角三角形重叠在一起，点和撇写成弧线，分别上移连着“曲”底边的起笔和收笔处。利用石材本色，整体效果更协调；造型稳重而灵气溢身，线条饱满圆润，布局疏密有致，在古朴中彰显文雅气韵。

图3-160，“詩”部首“言”的点写成横，第一横中部下塌成为4折曲线，第二横两头上翘，第三横写成竖穿过第二横上连第一横，下连着“口”，“口”的竖和横折的折都出头并曲了3折，横折的横稍下移；右结构“寺”上边“土”的第一横写成“25”形相连的曲线，第二横两端下折直冲底边，下边“寸”写成反写“E”形竖探底和左侧一短横。“禮”部首“礻”是常规的写法：竖支撑着“25”形收笔相连的8折曲线，里面放着短横，竖左右各有一条纵向12折曲线，左右对称；右结构“豊”上边“曲”变体，写成似“开”字形，两竖收笔朝外折再下挫拉长至底，下边“豆”也变体，写成上下两个“口”字形和底边的横。造型在规整中求变化，注意局部的呼应，线条坚实，质感明显，给人以沧桑感。

图3-161，“詩”部首“言”的点写成横，第一横用夸张的笔法写成短竖起笔连着口朝左“U”字形曲线后以竖下冲千里直达底边，第二横则写成“2”形曲线，“口”的竖稍延长下探右折再上翘；右

图3-160　潮安区庵埠镇文里村

图3-161　潮安区浮洋镇井里村

结构“寺”上边“土”的第一横右端上翘再左折，竖的头朝左歪，第二横写成“2”形4折曲线，下边“寸”的横右端上翘后左折延长再下折探底右折，竖钩写成5折曲线，点写成短竖。“禮”部首“ネ”横撇的横写成口朝上4折曲线，里面盛着短横，一竖在下边支撑着它，竖收笔时又左折上翘连着“5”形曲线，横撇的撇写成“弓”字形6折曲线置于“5”形之上，第二点写成纵向14折曲线，以求得与左侧的均衡；右结构“豊”上边“曲”中间两竖都头朝外折，下边“豆”的第一横写成3折曲线，点和撇写成短竖起笔往外折曲线，最后的横右端上翘升高。造型设计多个方圈形，较为奇特，线条清瘦刚健，古拙中见雅秀。

图3-162，毛笔书写篆体，“詩”部首“言”写成“口”字形上边加一点，下连着“古”字形；右结构“寺”的第一横两头上翘，第三横写成2折曲线，竖钩写成横折一折曲线，点写成横。“禮”部首“ネ”写成又折又弯的曲线上边一横，下边连着似“水”的线条；右结构“豊”是常规的写法。造型规整中有变化，疏密相间，古朴庄重，线条筋腱肥厚，方折圆转，笔法圆润。

图3-163，“詩”变体设计，部首“言”的笔画打乱重新排列，自上而下依次写成左上角留缝的卧式长方形、两横连着竖和“52”形相连曲线、竖左侧反写“C”形曲线、右侧“C”形曲线；右结构

图3-162　潮安区庵埠镇凤岐村

图3-163　潮安区归湖镇狮峰村

“寺”和线条也打乱重新安排，写成口朝左“U”形曲线里面连着横、竖上连横下连“25”相连曲线、“口”字形。“禮”部首“礻”写成上边“2”形曲线、下边一个里面有一竖的两立边多曲的拉长“口”字形；右结构“豊”上边“曲”写成“凹”字形，横折折的第一折和第二竖都出头再朝外折，下边“豆”写成竖上连“口”字形，下连“25”相连曲线。造型设计不循常规，变化多出意外，细思又似在情理之中；线条曲折有致，具有一定的装饰效果。

图3-137至图3-163，“诗”部首基本都增加笔画，点都写成横，“寸”的变化较多；“礼”部首上边的点也写成横，撇和点都写成纵向曲线，右结构“豆”下边两点和横也多有变化。

37. 诗（詩）礼（禮）传（傳）家

图3-164，“詩”部首“言”变体添笔，最顶部是一横，在第二横下边连接着三条竖线，左右两条各为4折曲线，它们下连着一横，下边一竖连着“口”，竖两边有相背“C”形；右结构“寺”上边“土”的第一横两头上翘再稍内折，下边“寸”的横右端上翘再往里折，竖钩写成4折线条，点写成凹口朝左“U”形2折曲线。“禮”部首“礻”上边的点写成短横，横撇的横两头上翘，其撇和第二点各写成纵向12折曲线，左右对称；右结构变体，“豊”上边的“曲”写成相背的“F”形下连着“口”字形，下边“豆”的点和撇跟横连成一笔，写成“凸”字形去掉横折折折中的横后上连着“口”。“傳”部首“亻”的撇写成短横左下挫拉长至底，不与竖连接；右结构“專”写成似“車”字形，其上横两头上翘再稍内折，竖一拖至底，连着凹口朝左的“U”形曲线和短横。

图3-164　潮安区彩塘镇华美村（清康熙四十五年）

“家”部首“宀”写成凹口向上的“C”形曲线和大个子的凹口朝下“U”形曲线；里边写成口朝左“U”形曲线下连着竖，其两边排列着上下相背的4个“C”形曲线。造型雅致，亭亭玉立；线条在规矩中彰显自由与灵动，直线奔逸，曲线飘转，典雅怡人。

图3-165，“詩”部首“言”上边的点跟右结构“寺”上边的“土”连在一块，写成横右下挫再右折上扬，一短横左下挫曲线连着它，省去了一笔，下边“寸”三笔都写成曲线，写成2折曲线的横和横右下折拉长的竖钩连接，点写成3折曲线。“禮”变体为上下结构，部首“礻”看起来就像一个三足的豆器盛着东西，放在“曲”上，而“曲”中间两竖没有出头，“豆”上边的横省去。“傳”部首“亻”写成竖右折和横右下挫线条，相扣而不相连，像左上角和右下角留缝的长方形；右结构“専”省去一点，写成竖下不过横的“車”字形，“寸”的横2折后连着写成横折的线条，点写成短横挨着底边。“家”部首“宀”第二点和横撇的撇写成竖线抵底；下边的横写成“口”字形，弯钩写成竖，上连着“口”，左边三撇写成两短横和短横左下折，与竖连着，右边的撇和捺写成短横右上翘和短横右下挫，与竖连着。构件变化奇特，紧凑饱满，形体显得更为稳固规整。

图3-166，“詩”的部首“言”变体，写成横下边一个“口”字形再连着“古”字形；右结构“寺”上边“土”的第一横两头上翘，

图3-165　潮安区凤塘镇后陇村（清康熙年间）

图3-166　潮安区庵埠镇官路村（清雍正四年）

“土”下边多写了一横，下边“寸”写成反写“卍”，收笔下挫右折再下挫，和凹口向下“U”形曲线。“禮”的部首“礻”写成两短横，第二横下边连着4折曲线，曲线拉长至底，左侧一抵底竖线头右折连着它，右侧也是一竖线抵底；右结构“豊”上边的“曲”写成大小两个凹口向上的“U”形曲线由左右两短线连着，下边“豆”的点和撇写成竖，并多写两条一折线条各连着。“傳”部首“亻”的撇写成3折线条，竖部分拉长至底，另一竖紧靠着而不相连；右结构“專”上边省去一点，写成没有尾巴的“車”字形，下边写成上下四横，第四横较短，一至底竖线连着上边三横。“家”部首“宀”上边的点省去，另一点和横撇的撇写成至底竖线；下边的横、第一撇和弯钩连成一笔，写成“2”形收笔下挫拉长至底，左边两撇写成上反写“C”形和下“弓”字形，右边的撇和捺写成上“C”形和下反写“弓”字形。造型文雅秀美，清丽脱俗，线条似钢丝，暴露出弹性与张力，给人眼前一亮的视觉冲击力。

图3-167，“詩”变体为半包围结构，部首“言”下蹲，写成

图3-167　潮安区归湖镇潭头村（清乾隆二十八年）

“山”“口”字形和横相叠；右结构“寺”的“土”和“寸”的横盖过部首，竖钩写成2折线条，上连着“土”，点写成短竖。“禮”也变体为半包围结构，部首“礻”的横撇分开，写成两头上翘的横上边放着由第一点写成的短横，其撇写成2折线条，第二折拉长至底，竖缩短，点写成2折短线；右结构“豊”的“曲”中间两竖的头往外折，右竖顶着2折短线，“豆”省略上边的横和“口”，点和撇写成短竖起笔朝外折曲线。“傳”变体为半包围结构，部首“亻”的撇写成横右下挫再朝里折线条，竖写成2折线条，第二折拉长抵底；右结构“專”上边省去末提和点，“寸”省去竖钩，写成凹口朝左“U”形曲线，里面放着点写成的短横。“家”部首“宀”上边的点写成短竖，横撇的横写成短横，第二点和横撇的撇分别写成短横左下挫拉长抵底线条和短横右下挫拉长抵底线条，上至顶边；下边的横和第一撇连写成凹口朝左“U”形曲线，弯钩写成竖左折，左边两撇写成上下两条短横左下挫线条，连着竖折线条，右边的撇和捺写成短横右端上翘线条和短横右端下挫线条。结构紧密，在变化中让形体显得更加稳固，线条肯定爽利，挺劲有力。

图3-168，“詩”变体设计，把部首“言”移至整个字左下角，点写成横，第二横两头略微上翘，第三横写成竖压在第二横上并上连第一横下连着“口”；右结构“寺”上边的“土”横盖在“言”的上方，第一横两头上翘再朝里折，下边“寸”的竖钩写成横右折拉长至底的一折曲线，其折与横的末端连接，点写成竖，多写了短横起笔下挫曲线。“禮”也变形

图3-168　湘桥区甲第巷（清嘉庆年间）

设计，把部首“衤”移至字的左下角，上边的点写成短横，横撇写成竖抵底的3折曲线，竖缩短放在靠底处，第二点写成短横右下折曲线并连接上3折曲线；右结构“豊”上边“曲”压在部首之上，横折的横和第一横两端都不跟边连接，两竖的头都朝外折，下边“豆”的“口”多写了一横，变成“曰”。“傳”变体，部首“亻”下蹲于字的左下角，写成竖和竖的头左折的曲线；右结构“専”的第一横两头上翘再往里折，下边“寸”的横写成2折曲线，竖钩写成横折曲线，其横在2折曲线中压在2折曲线的第一折上，点写成短横。“家”的部首写成“山”字形两条边的头往外折再下挫；下边第一撇写成3折曲线，弯钩写成竖，第二撇写成“5”形4折曲线，第三撇写成2折“C”形曲线，第四撇写成2折曲线，捺写成8折纵向曲线。造型均衡规整，金石味浓烈，线条清癯简练，笔挺刚劲。

图3-169，“詩”的部首“言”写成手写“Y”形、“C”和反写“C”形，上下相叠，最底层仍是“口”；右结构“寺”上边“土”两横的两头都上翘，第一横翘得较高，看似“出”字，下边“寸”的横左下挫再朝里折，竖钩写成7折线条，点写成短竖。“禮”写成半包围结构，部首“衤”上边的点写成短横，横撇的横写成两头上翘再往里折曲线，盛着点写成的短横，横撇的撇写成9折曲线，竖缩短，第二点写成短竖右折曲线；原本的右结构“豊”变体，看起来似“击”的第一横换成“曰”的图形。“傳”部首“亻”的撇写成7折线条，似“弓”收笔再下挫，竖写成2折曲线；右结构“専”上边省去一点，似“車”长了

图3-169　潮安区庵埠镇文里村（清道光十五年）

两角而丢掉了尾巴，“寸”的竖钩写成4折曲线，点写成短横左下挫线条。“家”部首“宀”写成短竖连着中间下塌的横，横两头下挫，左长右短；下边的横和第一撇连笔写成横起3折曲线，弯钩写成拉长的反写“C”形，左边省去一笔，剩下的撇写成“5”收笔下挫线条，右边写成3折曲线接着5折曲线。构件变幻莫测，布局饱满而错落有致，线条笔致瘦硬而清丽精美。

图3-170，“詩”变体，部首“言”移至字的左下角，写成“工”字形和下边的“口”；右结构“寺”上边的“土”横压在部首之上，第一横两头上翘再内折，第二横两端下挫再内折，竖下穿第二横，下边“寸”的横也压在部首上头并与其点连笔，写成2折曲线，竖钩写成4折曲线，上不过横，点写成短竖。“禮”变体为半包围结构，部首“礻”上边的点、横撇的横和竖写成2折曲线上放短横，下连短竖，横撇的撇写成以竖抵底的2折曲线，第二点写成一折曲线；右结构“豊”上边“曲”中间两竖的头都朝外折，下边“豆”的“口”省略，点和撇写成短竖起笔向外折。“傳”变体为半包围结构，部首“亻”的撇写成横右端下挫再往里折，放在整个字的上方，竖写成长竖至底的2折曲线；原本右结构“專”的第二竖下不过“曰”的圈，提、点和下边“寸”的横连成一笔，写成3折曲线，竖钩也写成3折曲线，点写成2折曲线。“家”的部首“宀”写成“山”字形两边往外折再下挫拉长至底；里面的横和第一撇连成一笔，写成2折曲线，弯钩写成3折曲线，第二和第三撇都写成短横左下挫，第四撇写成短横右端上翘曲线，最后的捺写成短横右端下挫曲线。造型恪守

图3-170　湘桥区义井巷

传统，在规整中求变化，线条笔挺，转角急促，受印玺篆刻影响较明显。

图3-171，“詩”部首“言”自上而下写成“二”字形、反写“C”“2”形和“口”；右结构“寺”上边“土”的第一横写成口朝左“U”形，第二横写成口朝右“U”形，一短竖把两横连起来，下边“寸”多写了一笔，写成“十”字形连着缺钩的“弓”字形、底边1短横。“禮”部首“礻”上边的点写成短横，横撇写成横起3折曲线，最后一折抵底，竖写成短横下挫拉长线条；右结构“豊”上胖下瘦，“曲”横折的横在两竖中间部分空掉，而两竖的头朝外折，点和撇都写成短竖头朝外折。“傳”部首“亻”写成3折曲线连着一折线条；右结构“專”省笔，写成上不出头的“車”字形、下“弓”字形，“車”的第二横和“弓”的起笔共用，一短竖被“弓”下边半包围。“家”的部首“宀”写成上横下两头下挫横线；下边的横写成2折曲线，第一撇写成横右端上翘线条，左边另两撇写成上短横下反写“C”形，右边的撇和捺写成上短横下“2”形。造型极尽变化，变幻莫测，线条曲直相宜，刚柔相济。

图3-172，“詩”部首“言”添笔，由上而下写成“工”字形、两个反写“C”形和反写“9”形；右结构“寺”的“土”写成“出”字形，“寸”的横右头上翘，竖钩写成5折曲线，点写成竖。“禮”

图3-171 潮安区庵埠镇乔林村

图3-172 潮安区凤塘镇大埕村

结构变体，把右结构“豊”上部分的“曲”扩张为整个字的上半部分，而部首“礻”屈居于左下方，写成上短横，下“F”形连着短横下挫的线条，“豆”下边的横两头下挫再朝里折。“傳”变成半包围结构，部首“亻”的撇写成两横相叠的7折线条，其横占据了整个字的上层；原本右结构“專”上边省去一点写成“車”字形，连着下边“寸”的竖钩，而它写成3折线条。“家”部首“宀”的第一点写成短竖，第二点和横撇连成一笔，写成横中部下塌并两头下挫拉长的线条；下边的横和撇连成一体，写成3折曲线，弯钩写成竖左折线条，左边的两撇写成上2折、下3折曲线，各自独立，右边的撇和捺写成上2折、下“2”形曲线，各跟原本的弯钩连接。在规整中展示潇洒飘逸的身姿，线条灵活多变，引人入胜。

图3-173，“詩”变体，部首“言”自上而下写成“工”“口”“山”和空心“工”字形，其“山”字形的中竖上接“口”字形，下突出连着空心的“工”字形；右结构“寺”上边“土”的第一横两头上翘，下边“寸”省去一笔，写成“弓”字形，在第三凹口中放着口向下的“U”形2折线条。“禮”变体为半包围结构，部首“礻”横盖整个字的上方，第一点写成横，横撇分开，其横两头上翘，撇写成

图3-173　潮安区彩塘镇林迈村

3折线条，最后一折抵底，竖缩短，第二点写成“C”形曲线；右结构“豊”下蹲，“曲”中间两竖的头各朝外折，“豆”省去“口”，下边的点和撇分别写成3折短线。“傳”部首“亻”连为一条16折曲线，左折一拉至底；右结构“專”上边后两笔连成一条曲线并与竖连接，下边“寸”省去一笔，写成“7”形和凹口里的“弓”字形线条。“家”的部首“宀”多写一横，第二点和横撇的撇分别写成抵底竖线；下边的横、第一撇和弯钩连成一笔，写成8折线条，第二、第三撇写成上反写“C”、下“弓”字形线条，第四撇省去，捺写成短横右下挫线条。结体瘦长，紧密严谨，线条直似飞流奔泻，曲如羊道回转，灵活多变。

图3-174，“詩”部首“言”下蹲，写成“山”字形下两横排短横和下边“口”；右结构“寺”的“土”和“寸”的横横盖部首之上；“土”的第一横两头上翘再往里折，“寸”的竖钩写成3折曲线，点写成竖。“禮”变体为半包围结构，部首“礻”上边的点写成横，横撇分开，其横两头上翘，撇写成2折线条，第二折拉长抵底，第二点写成一折曲线；右结构“豊”的“曲”中间两竖的头朝外折，“豆”的第一横和“口”省去，点和撇都写成短竖头往外折曲线。“傳”变体并省去笔画，部首“亻”的撇写成横且右端下挫再朝里折线条，位于整个字之上，竖写成2折线条抵底；右结构“專”上边末两笔连写，写成横左端下挫再朝里折，下边只写成3折线条与上方连接。“家”部首“宀”横撇的横中间下塌，第二点和横撇的撇写成抵底长线；下边的横和第一撇连笔成口朝左

图3-174　潮安区古巷镇象埔寨

"U"形曲线，弯钩写成竖左折线条，第二和第三撇写成短横左下挫短线，第四撇写成短横右上翘短线，捺写成短横右下挫线条。多直线且与背景色彩深浅对比，简洁明快；造型挺秀，构图清晰，线条洒脱奔放，神采飞扬。

图3-175，"詩"变体，部首"言"屈居于整个字的左下角，写成短横、口朝左"U"形曲线和"口"；右结构"寺"上边"土"置于部首之上，第一横两头上翘再朝里折，第二横两端下挫再朝里折，竖下穿第二横，下边"寸"的横和竖钩连成一笔，写成先横后曲的多折纵向曲线，点省略。"禮"变体成半包围结构，部首"礻"写成口朝上"C"形曲线盛着横，下面有三短竖柱子似的支撑着，左短竖收笔左折再下挫畅快淋漓一拉至底，右短竖收笔朝右折；右结构"豊"的"曲"中间两竖的头都朝外摇，"豆"的第一横省略。"傳"变体设计且省笔，部首"亻"的撇写成横右下挫，竖连在横的左端；右结构"專"上边写成"由"字形上顶着横，下让一条3折曲线盛着，下边写成一点连着竖钩写成的4折回旋纹曲线。"家"的部首"宀"写成"山"形两条边往外折再下挫一贯至底；下边的横和第一撇连成一

图3-175　湘桥区桥东街道卧石村

笔写成口朝左的“U”形曲线，弯钩写成竖连着“口”字形，其余四笔都写成短横外下挫。造型气势堂皇庄重又不失机灵变通，线条少求曲折重直线，犀利铮明。

图3-176，“詩”变体为半包围结构，部首“言”屈居于左下角，写成“山”字形、两短横和“口”；右结构“寺”的“土”横盖在部首之上，第一横两头上翘再朝里折，第二横右端下挫如瀑布直泻底边，“寸”简化成一笔，写成横右下挫拉长至底。“禮”变体，部首“礻”写成口朝上“C”形里面放着横，三短竖在下面支撑着，左短竖收笔左折再下挫拉长至底，右短竖收笔右折；右结构“豊”的“曲”中间两竖都头朝外折，“豆”省笔，只写成反写“C”和“C”形曲线。“傳”变体为半包围结构，部首“亻”的撇写成横右下挫后左折拉长，置于整个字的上方，竖写成短竖左折才是竖，原本的右结构“専”省略了三笔，写成没有最后的横的“車”字形连着“彐”形。“家”部首“宀”写成“山”字形两边外折再下挫拖长到底，里面的横写成口朝左“U”形曲线，弯钩写成竖左折，左侧三撇都写成短横左下挫，第四撇写成短横右上翘，捺写成短横右下挫拉长。造型舒展挺拔，清癯文雅；线条注重直线，硬挺简洁，折线棱角明显。

图3-177，“詩”变体为上下结构，写成上边是“土”，第一横两头上翘再朝里折，下边是“5”形的横拉长的4折曲线，左下侧是

图3-176 潮安区古巷镇象埔寨

图3-177 湘桥区义井巷

上“工”字形下“口”，右下侧连着一条7折曲线和独自的2折曲线。“禮”变体，部首“礻”大部分压在整个字上头，只让短竖左折的曲线再下挫拉长抵底，把原本的右结构半包围在里面，“豊”的“豆”字省笔，省略了“口”，点和撇都写成短竖后跟“曲”中间的两竖一样头朝外折。“傳”变体为半包围结构，部首“亻”的撇和原本右结构“専”的第二竖连成一笔，写成横右下挫左折连上竖，竖写成短竖左折再下挫拉长至底；原本的右结构省略了第三横和第一点，“寸”的横和竖钩连成一笔写成3折曲线，点写成口朝右“U”形2折曲线。“家”部首“宀”写成“山”字形两边外折再下挫拉长抵底；下边的横和第一撇连成1笔写成口朝左的“U”形曲线，弯钩写成先竖再右折下挫又左折的3折线条，第二撇和第三撇都写成短横左下挫，第四撇写成短横右上翘，捺写成短横右下挫。结体善变，清峻嶙峋，线条秀逸，转角硬朗。

图3-178，“詩”变体设计，部首“言”的点和第一横移至整个字的上方，点写成横，横两头上翘；右结构“寺”的“土”缩小与部首的剩余部分并列，第一横左端上翘，竖的头右折，“寸”的横左端伸长并下挫再往里折，右端下挫再往里折，竖钩写成以横收笔的4折曲线，点写成短横。“禮”变体为上下结构，部首“礻”看起来就像一个侧看的三足青铜盘里面横放着东西；右结构“豊”的“豆”第一横左端上翘升高，让“曲”稍微侧身。“傳”变体成半包围结构，部首“亻”的撇写成口朝左的“U”形曲线，竖写成左边短右边长“U”形曲线；右结构“専”第一点省略，“寸”的竖钩写成3折曲线。“家”变体省笔，写成点上连着两头上翘的横，里面盛着两条向外折头的短

图3-178　潮安区彩塘镇华美村

竖，下连着右端下挫的横，横下连着一条以竖收笔的6折曲线，一条以横收笔的7折曲线再连着它。构思较为奇特，造型既遵循常规又有所突破；线条直曲有致，边棱圆润，文人气息明显。

图3-179，“詩”部首“言”的点写成短竖头左折，第一横稍侵占右结构的空间，右端上翘再外折，跟点对称，第二横和第三横分别写成口朝上的“C”形曲线和口朝下的“C”形曲线；右结构“寺”的“土”竖起笔右折再上翘，第二横左端下挫，“寸”的横左端上翘右端下挫拉长抵底，竖钩写成4折曲线以横伸进部首构件“口”的下边收笔。“禮”部首“礻”上边的点写成短竖置于左上边，横撇写成横屈折成口朝左“U”形后上横端上翘，下横端下挫至底，第二点写成短横；右结构“豊”的“曲”长胖，中间第一竖的头左折伸长，第二竖的头右折，“豆”上半部分瘦身，点写成短竖，撇写成一折曲线，点和横的一部分放到部首的下边。“傳”部首“亻”的两笔都写成3折曲线；右结构“専”第一横右端上翘，第二竖的头左折，第一点省略，“寸”的横左端下挫，竖钩写成3折曲线，点写成短横。“家”部首“宀”写成“山”字形两条边外折再下挫拉长；下边的横和第一

图3-179　湘桥区太平路

撇连成一笔，写成3折曲线，弯钩写成以横收笔的3折曲线，第二撇写成横左端上翘，不与弯钩连接，第三撇写成5折曲线，第四撇写成短横右端上翘，捺写成短横右端下挫。造型偏于装饰性设计，多用短曲线，线条短促干脆，腾跃灵动，充满活力。

图3-164至图3-179“诗”的部首多变体或下蹲，其中“寸”变化较大；“礼”多把左右结构写成半包围结构，构件“豆”写法变化多端；“传”的部首多变体，右结构“専”下方的“寸”写法多样；“家”部首的第二点和横撇的撇大都写成长竖至底。

38. 诗（詩）书（書）传（傳）芳　礼（禮）义（義）垂训（訓）

图3-180，“詩”部首“言”上边的点写成短横，第一横两头上翘，第三横写成“C”形2折曲线，把“口”字半包围在里面；右结构“寺”中“土”的第一横两头上翘，“寸”的横写成口朝左“U”形曲线，竖钩写成先横后竖的1折曲线，部分线段压在横上，点沿着底边写成短横。“書”中部两横省略了1横，剩下的横两端下挫拉长把“曰”半包围在里面。“傳”部首“亻”的撇写成12折曲线，竖缩短并放在左下角；右结构“専”省笔，上边写成“由”字形的长竖上顶破横，下边“寸”的竖钩写成3折曲线。“芳”部首“艹”写成并排的两个“山”字形；下结构“方”的横两端下挫拉长抵底，横折钩写成9折曲线，撇写成短竖连着“5”形的5折曲线。“禮”部首“礻”上边的点写成短横，横撇的横两头上翘，横撇的撇和第二点写成纵向8折曲线，左右对称；右结构“豊”省笔，“曲”写成“罒”字形，“豆”除第一横外其他笔画连成一笔，写成8折曲

图3-180　潮安区龙湖镇龙湖寨

线。“義”上边的第二横断为左右两短横，下边“我”省笔，写成两竖上下左右各连着短横，中间一横贯穿。“垂”上边的撇写成横，第二横断开为两横，第三横也一分为二，左侧写成“5”形收笔下挫，右侧写成“2”形收笔下挫，竖不过第一横。“訓”部首“言”的第一横两头上翘，第三横写成“C”形，把“口”字半包围在里面；右结构的撇和第二竖写成对称的12折曲线。形体紧密饱满，清晰可辨，线条于柔韧之中显露刚劲的爆发力，使人驻足细看，端详冥思。

39. 诗（詩）礼（禮）传（傳）家　文章华（華）国（國）

图3-181，“詩”部首“言”长胖且添笔，点写成横，被上翘再朝里折的第一横半包围，第三横下挫再朝里折，多写一竖，上顶第二横，下连着“口”，“口”的竖和横折的折都朝里折再上翘又外折；右结构“寺”中“土”的两横都两头上翘再往里折，第二横的右端连着竖，“寸”三笔各不相连，竖钩和点都写成曲线。“禮”部首“ネ”变胖，点写成横，横撇的横两头上翘，撇和点写成12折纵向曲线；右结构“豊”上边的“曲”省笔为“口”字形，写成横两端连着收笔相连的“25”形。“傳”部首“亻”的撇写成短横左下挫拉长抵底，竖写成14折曲线；右结构“專”上边的横两头上翘再朝里折，竖不接下提，“寸”的竖钩和点连成一笔，写成近似的第一竖偏右“古”字形。“家”部首“宀”第一点写成短竖，连着横撇的横，第二点和横撇的撇分别写成短横左下挫拉长和短横右下挫拉长线条，高与上边的短竖顶齐，不与其他线条连接；下边变体省笔，写成“口”字形下连着9折曲线

图3-181　潮安区庵埠镇文里村（清康熙五十年）

和右旁靠着的8折曲线。“文”的点写成横，放在两头上翘再朝里折的横里面，撇写成13折曲线，捺写成8折曲线。“章”部首“立”的点写成横，被两头上翘的横承着，点和撇写成横右下挫和横左下挫，连着第二横，第二横两端下挫至底；“早”中的“十”竖直插“日”中，横两端下挫再朝里折。“華”写成“士”第一横上边左右各一个“山”字形，下边左右各一个“十”字形，其竖上顶“士”的第一横，下连着两头上翘再朝里折的横线，最下边“十”字形的横写成“52”形相连曲线。“國”里面“戈”的横两头上翘再朝里折，斜钩写成5折曲线，撇写成一折曲线，点放在横的右下方，“口”写成空心的“工”字形，提写成横并移至“口”的上方。结体千变万化，又遵循印玺章法；线条缠连，绵绵纠攘，纤瘦而挺劲有力。

图3-182，“詩”部首“言”的点写成口向上的“C”曲线，多写一点把第二和第三横连起来，“口”写成横折的横中间留缝的“曰”字形；右结构“寺”中的“土”第一横两头上翘再往里折，“寸”横的右端上翘，竖钩写成5折曲线，点写成2折曲线。“禮”部首“礻”上边的点写成口朝上的“C”形曲线，横撇的撇和点写成纵向8折曲线，左右对称；右结构“豊”的“曲”中间两竖的头朝外折。“傳”的部首“亻”的撇写成12折纵向曲线，竖写成短横下折拉长再左折曲线；右结构“專”上边省去最后的提和点，“寸”的竖钩头不出横，写成4折曲线。“家”的部首“宀”写成横和两端下挫拉长至底而中部下塌的线条；下边的横右端下挫，第一撇写成横右端上翘线条，连着上边的横，弯钩写成竖，其

图3-182　潮安区东凤镇东凤村（清乾隆十四年）

余四笔分别写成左边上下两个反写的“C”形，右边上反写“C”形下边“C”形。“文”添笔，点写成横，而横中部下塌，两端下挫拉长抵底，下边两点连着横，横下连着纵向9折对称的两条曲线。“章”部首“立”的点写成横，第一横两头上翘再朝里折，第二横两端下挫拉长至底，“早”的末横两端下挫再朝里折，竖冲破“日”直连上边的横。“華”部首“艹”的两短横都上翘再朝里折，下边似“世”字形，其长横两端下挫又朝里折再上翘，第二竖头朝右折，竖弯钩写成横右下挫再右折，最后一横写成两端下挫再朝里折。“國”里面的横起笔上翘再朝右折，斜钩写成短横右下挫拉长再右折，撇写成3折曲线，“口”的两立边出头再朝里折，提写成短横，最后部首“囗”的横左右留缝没有封口。构件变体及添笔以求得结构的紧密稳固，线条温润秀劲，规谨流畅。

图3-183，“詩”部首“言”写成“二”字形和下边“山”字形中间竖破底连着“口”；右结构“寺”增笔，“土”第一横上翘，“土”下多写一横，“寸”三笔不相连接，写成横右端下挫，左侧两横。“禮”部首“礻”横撇的撇和点写成竖抵底；右结构“豊”的

图3-183　潮安区东凤镇东凤村（清嘉庆二十年）

“曲”两条立边跟中间两竖一样出头，“豆”最后的横两头略微上翘。“傳”部首“亻”写成短横右下挫拉长和一竖；右结构“專”上边省去一点，中间的竖没有出框，下边“寸”三笔不相连接，写成横右下挫和两横。“家”部首“宀”上边的点写成微小土包似的，第二点和横撇的撇都写成竖线至底，下边写成“T”形，竖左右各连着短线。“文”变体为半包围结构，写成“厂”形里面中间似一把头朝下音叉，左边是上“C”形下反写“7”形，右边是上反写“C”形下“7”形。“章”部首“立”上边的点写成横，第二横一断为三，“早”下边的竖上直插“日”里，下只过横一点点。“華”的部首“艹”写成横上露了5个头，下边写成左右上下4个“人”坐在下横露底的“土”字形上。“國”变体设计，部首“囗”消失，“戈”的点写成横置于上边，提写成了“王”字形。造型在规矩与变化中求得平衡，紧密圆润；线条收笔圆钝，细腻致密且有厚重感。

图3-184，“詩”变体减笔，部首“言”写成斜倚“月”字形右下方连着短竖；右结构“寺”的“土”第一横两头上翘高升，下方的“寸”省去不写。“禮”变体，部首“礻”写成短横右上翘，一线自顶压短横至底，在下半部分微曲，整个部首就似一个拱着手的人的侧身；右结构“豊”的“曲”写成“口”字形四个角和两条立边连着8条短线，“豆”写成“儿”字形和横。“傳”变体，部首“亻”设计为立式露底长方形；右结构“專”设计成“丫”字形，左“E”形、右反写“E”形，下边穿过两横，再连着2折曲线。“家”部首“宀”上边的点省

图3-184　潮安区东凤镇昆三村

去，第二点和横撇的撇写成竖线至底；下边的横写成口朝左“U”形曲线，第四撇省去。“文”的横两端下挫拉长抵底，在捺的下方多写了两笔。“章”部首“立”上边的点写成横，下边的点和撇写成凹口朝上曲线，连着上横，第二横两头上翘；“早”写成中竖下不出口的“中”字形。“華”写成“丫”字形两斜端拉横，下边左右各两个朝上箭头形，再接着“亏”字形。“國”变体设计，写成“52”相连，下边一横，左下方是“口”和其下一横，右下方是一短横连着两竖。线条少拐弯抹角，坚挺厚重；布局密中见疏，金石味道较为浓烈，在端庄之中彰显了文人的审美情趣。

图3-185，“詩”的部首“言”长胖且添笔，点写成短横，第一横两头上翘再朝里折，第三横两端下挫再朝里折，一竖上顶第二横下连着“口”，在“口”上的竖两边各有一短横；右结构“寺”的“土”两横都上翘再朝里折，“寸”省去点，另两笔不相连接，横写成口朝左“U”形曲线，竖钩写成4折曲线。“禮”的部首“礻”变胖，上边的点写成短横，横撇的横两头上翘，撇和点写成纵向12折曲线，左右对称；右结构“豊”的“曲”减笔，写成“口”字形两立边出头再各3折，“豆”下边的点和撇都写成一折短线连着横。“傳”部首“亻”的撇写成横左下挫拉长至底，竖写成14折纵向线条，也抵底；右结构“專”减写了一点，上边的横两头上翘再朝里折，下边“寸”的竖钩不出头，写成3折曲线，点写成2折曲线。“家”部首“宀”的第二点和横撇的撇都不跟横连接，点写成短横左下挫拉长抵底，撇写成短横右下挫拉长抵底，且高与点齐；下边省去了三笔，

图3-185　潮安区庵埠镇文里村

横写成口朝右“U”曲线，弯钩写成竖，连着上方的曲线，在竖两边各有纵向8折曲线，不与其他线条相连。“文”的点写成横线，横两头上翘再朝里折，几乎把上边的横包在里面，在横的右下端多写了“U”形曲线，撇写成9折曲线，捺写成8折曲线，都不跟上边的横连接，而在撇的第一折和捺的第一折相交。“章”的部首“立”上边的点写成横，放在两头上翘的第一横上边，点和撇都写成凹口朝外的3折曲线，第三折拉长抵底，横省略不写；“早”最后的横两端下挫再朝里折，中间的竖直插“日”中。“華”的部首“艹”似并排的两座“山”，接着有一个“士”字形，其竖上挺隔开两座“山”，在“士”第一横下边左右各有一短横，短横下又连着短竖，并各连着横，而横的两头上翘再朝里折，最后的横两端下挫各曲4折。“國”里面的“戈”的斜钩写成横起5折曲线，撇写成一折线条，上不过斜钩线条，点写成反写“C”形，把横的右端半包围在里面，“口”写成一个空心的“工”字形，提写成短横。布局排列有致而不失变化，融合了印篆之遗意，线条如钢丝铁骨，充满弹力与刚劲。

图3-186，“詩”部首“言”的点写成短横，第二横缩短，第一横和第三横两头分别上翘，各盛放着上边的短横，“口”的两条立边出头且朝里折；右结构“寺”的“土”多写一笔，写成了四笔，第一横一分为二，右端断开后竖放着，“土”的竖起笔左折，“寸”的横右头上翘，竖钩写成4折线条。“禮”部首“礻”上边的点写成横线，长与下边横撇的横齐，横撇的撇和点写成竖线抵底；右结构“豊”上边的“曲”省笔，写成4条等高的竖线，下边“豆”的“口”

图3-186　潮安区浮洋镇东边村

下不封底，与点和撇写成的两点连接后再跟横连接。“傳”部首“亻”的撇写成3折线条，而竖不跟它连接；右结构“專”笔画有所变化，上方的“曰”3横断开，不与中间的竖连接，竖上不过横，下曲了3折至底横收笔。“家”部首“宀”上方的点省去，第二点和横撇的撇写成短竖，左短右长；下边的横写成上短下长的口朝左“U”形曲线，其长的至边，其余的笔画写成三条相叠的上长下短的横右头下挫线条，被竖左折线条所贯穿。“文”增加了笔画，先写上下两横，再写上短下长的两横线，横线两头都上翘，短线的两头连接着上边的横，长线的下边又连接着两条5折线条，看起来就像两短竖连着“5”和“2”形。“章”的部首“立”先写一横，下边两条凹口朝上的曲线，上短下长，短的两头连接上边的横，“立”上边的点下移连接两条曲线；“早”变体，写成“中”字形，上连着长曲线，下连着左端下挫的横，而横的左下边又连着左头上翘的横。“華”变体省笔，中心部分为变形的“丫”字形，其上两笔的起笔都往外横折，竖的下部分又曲了3折，以左折横收笔，在竖上部分的左右两边各有上下两短横，竖下贯两横，第二横的左端下挫再朝里折。“國”的结构改变，从包围结构变成上下结构，部首“囗”写成“52”形相连，下边一横，不跟“52”形相连接，并处在整个字的上半部分；左下方是“口”和底下的横，右下方是一个“H”形。造型灵巧，稳重平衡；笔画严谨而不板刻，朴实中显灵动之气，凝神透劲，较具艺术神韵。

图3-187，“詩”部首“言”省略了两笔，写成上“二”字形下“口”；右结构“寺”上边“土”的第一横两头上翘再朝里折，下边“寸”的横和竖钩都写成口朝左的“U”形2折线条，它们的竖部分重叠，点写成横。“禮”部首“礻”上边的点写成短横，与横撇的横等长，横撇的撇和点都写成竖线，上不接横，而下至底；右结构“豊”上边“曲”的两条立边出头，下边“豆”中“口”的底横中部断开，断口与点和撇写成的短竖连接，再连着最后的横。“傳”省笔，部

首“亻”设计成立式的下没封底的长方形；右结构“専”第一横缩短，“曰”被自上而下从中劈开，置于竖的两边，竖上不过横，下连接“寸”的横，而上部分最后的提和点两笔不写，“寸”的横和竖钩都写成口朝左的“U”形2折曲线，其竖部分重叠，点省略。“家”部首“宀”的点写成横，其下写成横两端下挫拉长抵底；下边结构变化，横写成卧放长方形，第一撇和最后一笔的捺连为一体，写成横右端下挫至底，弯钩写成竖左折，第二和第三撇写成短横。“文”上边的点写成横，横的两头上翘，撇写成竖抵底左折再朝上折线条，其头连接在横的前端部分，捺在起笔后与撇相交，写成先横后右端下挫的10折线条，如层层叠叠的山间小路。“章”部首“立”的第一点省略，另外的点和撇与横写成上短下长的凹口朝上的曲线，短的连接上横；下部分“早”的横右端下挫，竖写成短竖，下左折拉长，头不过横。“華”部首“艹”两短横的两头都上翘，竖分别与下边“土”字形的竖连接，一竖把它们左右隔开，下连着横，最后一笔的竖写成6折线条，其头不过横。“國”里面“戈”的横上多写了一横，斜钩写成短横左下挫拉长再左折的2折曲线，撇写成短横右下挫线条，点写成短横并移位于横之下，提写成了短横。造型庄重沉稳，金石味浓；线条简素，意蕴悠长。

图3-187　潮安区浮洋镇福洞村

图3-188，“詩”的部首“言”多写了一笔，点写成与第一横等长的横，第二和第三横都写成凹口朝上的2折曲线，第二横的两端连接着第一横，多写的一笔为短竖，上连着第二横，下接着“口”；右结构“寺”上部分“土”的第一横两头上翘再朝里折，下部分“寸”

图3-188　潮安区江东镇仙洲村

又多了一笔，写成凹口朝左的2折曲线，口中放着三横，第二横连着竖线。“禮”部首“礻”上边的点写成横，与横撇的横等长，撇和点都写成3折曲线，似留有缝隙的立式长方形；右结构“豊”上部分“曲”中间两竖的头朝外折，下部分“豆”的第一横省去，下边的点和撇都写成2折短线。“傳”部首“亻”的两笔连接，写成像没有底的立式长方形；右结构“専”上部分的第一横两头上翘再朝里折，最后的点省略，下部分“寸”的横左端微翘，右端不过竖钩，竖钩只写成竖，点写成横。“家”部首“宀”的第二点和横撇的撇写成竖拉长至底；下部分在横上多写了一横，弯钩写成竖左折，左边三撇的上两撇写成短横，第三撇写成横左下挫再右折，右边的两笔合二为一，写成5折曲线。“文”的横两端下挫再曲了2折，撇和捺都写成横起往中下挫5折线条，在中间横的末端相叠。“章”部首“立”的点写成横，两横的两头都上翘，点和撇写成横两头上翘并连着第一横；下部分“早”下边的竖上冲连着点和撇写成的横，下不过横。“華”部首“艹”写成两个并排的“山”字形；下部分变体设计，写成“由”字形和下边没有第一横的“亏”字形。“國”里面“戈”的点写成横，位于横的上方，斜钩写成竖，上顶点写成的横，撇写成竖左折连着竖，提写成口朝右的“U”形2折曲线，起笔连着竖。结体端庄紧密，玲珑俊秀，线条爽利雅致，极富含蓄之美。

图3-181至图3-188，“诗”的部首写法多变，其中“寸”也变化多端；“礼”的部首写法大同小异，其中“曲”“豆”写法不尽相同；“传”右结构多有减笔；“家”部首的第二点和横撇的撇多写成竖线；“文”都通过弯曲拉长线条把下边挤满；“章”上部分“立”中的点和撇只有图3-183仍写成点和撇，“早”常竖插入“日”中，也有几个竖下不过横；“华”下部分几乎没有类似的写法；“国”有三图的部首变体，没有包围结构。两枚石门簪，每枚四个字，圈小字多，显得更加紧凑，扩张力更强大，也更像是两枚官印。

40. 诗（詩）书（書）传（傳）家

图3-189，“詩”的部首“言”下蹲且添笔，在第一横和第二横之间多写了两点，第三横写成竖且在它的两边分别加上一短横；右结构“寺”中“土”和“寸”的横跨过“言”之上，“土”的第一横两头上翘再往里折，“寸”的竖钩写成先是与横等长的横再下折抵底，点省略。“書”上边的竖起笔左折并在右侧多写了短横，第三横断开为两短横，第四横写成口朝上的“C”形曲线。“傳”部首“亻”的撇写成反写的“C”形收笔下折拉长至底，竖不跟撇连接；右结构“専”上边的横两头上翘，中间的点省略，“寸”又省笔，写成一条4折曲线里面连接着横。“家”省笔，写成上边两短竖起笔往外折，下边连着横，接着是“广”字形，左侧连着一条以竖至底的2折曲线，右侧连着一条13

图3-189　潮安区彩塘镇直街

折曲线。造型端庄挺拔，清雅素丽中显出富贵之气；线条坚韧有力，简洁明了而意味深长。

41. 诗（詩）书（書）礼（禮）乐（樂）

图3-190，“詩”部首“言”下蹲，多写了四点，两点放在第一横和第二横之间，两点放在写成竖的第三横的左右两侧，横写成竖后下插进“口”中；右结构“寺”的“土”盖过部首，第一横写成口朝上的“C”形，竖下不过第一横，“寸”的横也压在部首之上，竖钩写成2折曲线，点写成竖。“書”上边横折一分为二，折写成出头后左折，第三横断为两段，竖起笔左折，部首“曰”横折的折省笔。“禮”变体为上下结构，部首“礻”上边的点写成短横，横撇的横两头上翘，竖缩短，横撇的撇和第二点都写成短竖向外折；右结构“豊”中“曲”横折的横不写，中间两竖缩短且起笔往外折，“豆”的“口”和最后的横省略不写，点和撇写成反写“C”形和“C”形。“樂”上边“白”的撇写成短竖，左侧“幺”写成上“C”形下“5”形，右侧“幺”写成上反写“C”形下“2”形；“木”的竖起笔不过横，撇写成短竖连着“5”形曲线，捺写成短竖连着“2”形曲线。挺拔的造型姿势，挺劲的线条形态，煞是悦人眼目。

图3-190 湘桥区羊玉巷

42. 诗（詩）书（書）继（繼）世 礼（禮）乐（樂）传（傳）芳

图3-191，“詩”部首“言”的点写成短横，三横都写成口朝上的“C”形曲线，第二横缩短且连着第一横，“口”写成空心的“工”字形；右结构“寺”上边“土”的第二横两头上翘升高至顶再朝里折，把第一横包在里面且连着它的两端，下边“寸”的横两头上翘再朝里折，竖钩写成5折曲线，点写成纵向5折曲线且连着横。

图3-191　潮安区彩塘镇华美村

“書”上边的横折先曲了12折再下挫拉长至底，下边“日”封口的横两端外延，左端至边后上翘升高连着上边四横，右端连着下挫的折。“繼”的部首“糸”写成短竖连着上下两个“口”字形和下边三竖；右结构上边两个“幺”都写成短竖连着上下两个“口”字形，下边两个“幺”都省笔，写成“口”字形下边连着短竖。“世”的横右端下挫再朝里折，第一竖先曲4折才竖，第二竖先曲6折才竖，竖折写成7折曲线。“禮”部首“礻”上边的点写成短横，横撇的横两头上翘，横撇的撇和第二点都写成纵向12折曲线，左右对称；右结构“豊”上边“曲”的左右两边都露头与中间两竖等高，下边“豆”的点和撇都写成短竖起笔朝外折。“樂”上边“白”的撇写成横左端下挫连着“日”，左右两个“幺”都写成短竖连着上下两个“口”字形；下边“木”的横两头上翘再朝里折，撇写成口朝左的“C”形，捺写成“C”形。“傳”部首“亻”的撇写成反写的“C”形收笔下挫拉长至底，竖不跟撇连接；右结构“專”上边的横两头上翘再朝里折，提写成横右端下挫拉长抵底再朝左折，点省略，下边“寸”的横缩短并两头上翘，竖钩写成竖左折，点写成长高的“2”形。“芳”部首“艹”的两短横都两头上翘，下结构“方”的点写成短横，横也两头上翘，撇写成10折曲线，横折钩写成一个“弓”字形。造型端庄秀美，气度雍容，线条匀净润泽，张力横生。

43. 承先启（啟）后（後）

图3-192，“承”的横撇写成下边左端留缝的卧放长方形，竖钩只写成竖，三横省写一横，第一横两端伸长，第二横两端也伸长且上翘再朝里折，横撇写成“弓”字形，撇和捺写成反写“弓”字形。

“先”的撇写成“C”形曲线，第一横右端上翘再朝左折，第二横左端上翘再朝里折，右端也上翘再朝里折并下挫，撇和竖弯钩都写成7折曲线。“啟”右结构上边的点写成短横，撇写成4折线条，部首“口”的竖省去，写成反写的“C”形连上了撇；右结构“攵”的第一撇移位到横的上边并写成3折曲线，而横写成2折曲线，第二撇写成2折曲线，捺写成纵向9折曲线。“後”的部首“彳”自上而下写成“2”、“5”、反写“G”形，各不相连；右结构省笔，上边“幺”写成“C”形口中含着“2”形曲线，省去了点，下边写成短竖连着3折曲线，一条3折曲线与之相交。布局排列有致而又不失变化，线条多曲少直，张弛有度。

图3-192　潮安区庵埠镇官里村（清乾隆四十八年）

44. 科甲联（聯）登

图3-193，“科”部首“禾”的撇写成“5”形，竖写成竖左折，第二撇写成短横左下挫拉长，点写成短横右下挫拉长；右结构“斗”第一点写成竖右折，第二点写成短横，两点都连着竖，而竖则写成9折线条。“甲”中间的竖出圈后极尽曲之能事，曲了14折，线条布满了下边的空间。“聯”的部首“耳”简化变形，自上而下写成三笔：横左下挫、竖左折再下挫、竖连着“5”形，它们各不相连；右结构变体省笔，上边省去一个“幺”，另一个“幺”写成口朝上“C”形连着3折曲线和短竖，下边写成短竖、2折曲线和3折曲

图3-193　潮安区东凤镇东凤村

线。“登”部首“癶”写成左边反写“E”收笔下挫再右折下折，右边“E”收笔下挫再左折下折；下结构“豆”变体，横两端伸长，连着部首，余者写成两笔：两条5折曲线连接。构件及线条的夸张变形处理增强了装饰效果，给人以视觉的冲击力。

45. 祖德光前　孙（孫）谋（謀）裕后（後）

图3-194，“祖”左右结构变体为半包围结构，部首“礻”移至上边，第一点写成横，横撇的横两头上翘，撇和第二点各写成2折线条，以竖收笔，竖缩短；“且”尽力膨胀，里面两横各写成10折曲线，好像锯齿似的。“德”部首“彳”的两撇写成上下两个反写“C”形，竖写成纵向8折曲线；右结构上边的横两头上翘再朝里折，“罒”里面两竖写成4折曲线，其横中部上凸，下边的横与“心”的第二点连成一笔写成3折曲线，“心”四笔具齐，其第四笔连着第二笔。“光”上边的点和撇分别写成口朝左“U”形和口朝右“U”形曲线；下边的撇和竖弯钩都写成10折纵向曲线，左右对称，不跟横连接。“前”上边的点写成口朝左“U”形曲线，撇写成口朝右“U”形曲线；下边“月”的横折钩写成反写“C”形，不与竖连接，里面两横写成反写“C”形和“C”形相扣，“刂”的竖钩写成10折曲

图3-194　潮安区东凤镇洋东村

线。“孫”部首“子”的横撇写成口朝左“U”形曲线，竖钩写成5折曲线，提写成7折曲线；右结构“系”的撇右下移，写成“2”形曲线，第一个撇折写成3折曲线，第二个撇折写成2折曲线，点写成短竖，不跟其他线条连接，多写了一横，“小”竖钩写成竖左折，撇写成“2”形曲线，点写成6折曲线。“謀”部首“言”上边的点写成短横，第一横两头上翘，第二横写成口朝上的“C”形曲线，第三横写成朝上横卧的“弓”形6折曲线，“口”的竖和横折的折都写成2折曲线；右结构“某”上边“甘”的两竖顶端各连着一短横，里面一横写成二，最后的横两端伸出并上翘，下边“木”的竖写成竖左折，撇写成反写“C”形曲线，捺写成“5”形曲线。“裕”部首省笔，“衤”上边的点写成口朝左“U”形曲线，横撇写成口朝左“U”形收笔下挫拉长至底曲线，竖写成4折曲线，点写成短竖；右结构“谷”上边的撇和点写成反写“弓”字形和“弓”字形曲线，“人”的撇写成6折曲线，捺写成5折曲线，不与撇连接。“後”部首“彳”写成上下两个口朝左的“U”形和下边的纵向8折曲线；右结构上边的“幺”写成8折曲线和下边2折曲线及一折曲线，它们各不连接，下边的撇写成短横，横撇拆为两笔，写成横连着6折曲线，捺写成3折曲线并与变成短横的撇连接。结构紧密严谨，图案感强，清晰可辨，线条短曲为主，充满动感与张力。

图3-195，“祖”部首“衤”上边的点写成横，横撇的横写成横左端上翘，撇写成横右端下挫，竖和第二点写成似“与”字形；右结构“且”最后的横两头上翘升高再曲了4折，把其他笔画半包围在里面。“德”部首“彳”第一撇写成3折曲线，第二撇写

图3-195　潮安区彩塘镇华美村

成5折曲线，竖写成一折曲线，自上而下分布，各不连接；右结构上边的横两头上翘，竖写成短横，放在口朝上的“C”形里面，“罒”下边的“心”减笔，写成两条一折曲线。“光”上边的点和撇各写成4折曲线，下边的撇和竖弯钩写成短竖连着的“S”形7折曲线和反写“S”形7折曲线。“前”上边的点和撇写成口朝上的反写“G”和“G”形，不跟下边的横相碰；下边的“月”变体为“目”，“刂”竖升高连接上横，竖钩写成似“S”形。“孫”部首“子”的横撇和竖钩连成一笔，写成7折线条，提写成一折曲线，不跟7折线条粘连；右结构“系”变体，上边写成上下两个“口”字形，上一个“口”字形的横折起笔左伸再下折，下一个“口”字形的横右伸出上翘升高，下边的“小”竖钩写成3折曲线，撇写成2折曲线，点写成竖。“谋”部首“言”的点写成横，第一横写成口朝上的“C”形；右结构“某”上边“甘”的两竖没出头，里面多写了一横，第三横两端外伸再上翘，下边“木”省笔，写成2折曲线、3折曲线和竖。“裕”的部首“衤”省笔，写法跟“祖”的部首完全一样；右结构“谷”上边的撇和点写成反写“C”和“C”形，“人”的撇和捺连成一笔，写成6折曲线，以两端的竖抵底。“後”部首“彳”三笔分别写成3折曲线、5折曲线和一折曲线，自上而下排列，各不相连；右结构上边写法与“孙”右结构上边的写法一模一样，下边写成竖和“卍”字形。结构紧凑，固若金汤，线条多曲，如云气缭绕。

图3-196，“祖”部首“礻”写成竖上端连着口朝上“C”形2折曲线，里面躺着短横，两条纵向10折曲线立于竖两侧，左右对称；右结构“且”的竖和横折的折收笔时往

图3-196　潮安区庵埠镇溜陇村

里折再下挫，里面有“U”形被拦腰截断成两短竖和2折曲线3笔画，最后的横两头上翘。“德”的部首“彳”两撇都写成口朝左“U”形2折曲线，竖写成“弓”字形，钩改为横左上翘升高，三笔各自独立；右结构上边“十”的横两头上翘再朝里折，“心”的第二、第三点连成一笔，写成2折曲线。“光”上边的点和撇写成口朝右“U”形曲线和口朝左“U”形曲线，下边的撇和竖弯钩都写成短竖后再曲了9折，左右对称。“前”部首的点和撇写成口朝左的“U”形和口朝右“U”形曲线；下边“月”横折钩的横中部下塌，折钩的钩写成横，立刀“刂”的竖钩写成纵向8折曲线。“孫”部首“孑”的横撇写成口朝左的“U”形曲线，竖钩写成11折曲线，提写成2折曲线；右结构“系”写成横下短竖连着“口”字形，再短竖连着“口”字形，下又缀着竖，竖左侧是“2”形曲线，右侧是“5”形曲线。“謀”部首“言”三横都写成口朝上“C”形曲线，其中第二横缩小并上连第一横，“口”两条立边往里塌，变成空心“工”字形；右结构“某”上边“甘”的横左端上翘右端下挫，第二竖写成曲了3折后才竖，下边“木”的横左端上翘，竖不出横且写成竖左折，撇写成一折曲线，捺写成2折曲线。“裕”部首“衤”减笔，写法与“祖”的部首相同；右结构“谷”上边的撇和点写成“2”形和“5”形曲线，“人”的撇和捺写成竖连着10折曲线。“後”部首“彳”写成上下两个口朝左的“U”形，下一个收笔时再下折拉长至底，竖写成7折曲线；右结构上边“幺”写法与“孙”右结构上边的写法相同，下边的撇写成一折曲线，横撇写成3折曲线，捺写成一折曲线。左侧门簪文字自上而下后由左及右排列；构图饱满，繁而不乱，同一部件两次出现，既有相同，也有不同，而气韵一致，造型优雅端庄；线条简练紧密，爽利有力。

图3-194至图3-196“祖”和“德”的写法各自不同；“光”除了竖和横其他笔画写法不同，不过都是变为曲线的；“前”中的“月”各行其是；“孙”右结构上边的撇和“幺”写法大相径庭；

"谋"的"某"变化较大；"裕"和"后"几乎没有一笔是相同的。

46. 虚（虚）斋（齋）公庙（廟）

图3-197，"虚"变体加笔，部首"虍"写成一横，再一横两端下挫拉长至底，接着是"U"形曲线，两边各连着一条一折曲线，下边再有一个口朝上的"C"形；"业"的点和撇都写成竖。"齋"部首"文"的点写成跟横等长的横，在横下连着口朝上的"C"形和竖，左右两条竖直抵底，竖内上左侧连着反写的"C"形曲线，右侧连着"C"形曲线；"示"上横连着上边的竖，下横两端也连着竖，下边三竖，中间的竖上连着横。"公"部首"八"的撇和捺写成"弓"字形收笔下折拉长至底的曲线和反写"弓"形曲线收笔下挫拉长至底，左右对称；"厶"连成一笔，写成5折曲线。"廟"部首"广"上边的点写成横；里面"朝"中上边"十"的横两头上翘，下边"十"的横两端下挫拉长，"月"横放，横折钩的钩写成曲了6折曲线的反写"弓"字形。构图大气，凝重耐看，具有浓厚的金石意味，线条简练娴熟，高穆深雅，尽臻其妙。

图3-197　湘桥区（清乾隆年间）

47. 累代登科

图3-198　潮安区庵埠镇凤岐村

图3-198，“累”部首“糸”中“幺”第一撇折写成3折曲线，第二撇折写成5折曲线，点写成短竖，“小”的竖钩写成竖左折，撇写成横左下挫曲线，最后的点写成竖右折一折曲线。“代”部首“亻”的撇写成以横开始而以竖收笔的5折曲线，竖写成4折曲线；右结构“弋”的横左端下挫右端上翘，斜钩写成12折曲线，点移位到横的下边并写成短竖。“登”的部首“癶”写成左右对称的一折曲线连着以竖收笔的3折曲线；下结构“豆”的横写成口朝上的“C”形曲线，点写成短横右下挫，撇写成短横左下挫。“科”部首“禾”上边的撇写成横左下挫，横写成左端下挫右端上翘，竖收笔时左折，第二撇写成短横左下挫拉长，点写成一折曲线；右结构“斗”的第一点写成一折曲线，第二点写成短横，横写成5折曲线，竖写成4折线条。造型庄重沉稳，宽绰得体，线条浑厚古朴，气韵雄深。

48. 累代簪缨（纓）

图3-199，“累”部首“糸”中“幺”第一个撇折写成3折曲线，第二个撇折写成4折曲线，点写成竖，“小”竖钩写成竖左折，撇写成短横，点写成竖右折。“代”部首“亻”的撇写成“弓”字形连着竖的7折线条，竖写成短横右下折拉长；右结构“弋”的横写成1折曲线，斜钩写成12折线条，点写成短竖，且一分为二，其一连着横。“簪”的部首“⺮”写成两个“E”形，中间部分写成两个两横中部加竖，下边的“曰”两立边出头向外折再下挫以竖抵底。“纓”的部首“纟”上边“幺”两个撇折连成一笔，写成7折线条连着竖，下边

三点简成一并写成一折曲线；右结构“嬰”上边左“貝”的撇和点减笔，写成短竖，右“貝”的撇和点也减笔，写成短横，下边“女”的撇点写成4折曲线，撇写成2折曲线，其头不过撇点曲线，横右端下挫再朝里折。构图及线条态势自有张力，相互之间气韵贯通，宽边细线显得灵敏而不失庄重。

图3-200，“累”部首“糸”中“幺”的第一撇折写成3折曲线，第二撇折写成4折曲线，点写成竖；“小”的竖钩写成竖左折，撇写成短横左下挫，点写成竖右折。“代”部首“亻”的撇写成“弓”字形收笔下挫抵底的7折线条，竖写成短横右下挫拉长抵底线条；右结构“弋”的横写成左翘右坠的2折线条，斜钩写成11折线条，点写成短竖。“簪”的部首“⺮”写成两个“E”形，中部写成左右各两横中间贯一竖，下边“曰”两条立边往里稍折又上升再朝外折又下挫拉长抵底，横折的横缩短。“纓”部首“纟”的“幺”两个撇折连成一笔，点写成短竖，下边三点省略二，写成一折曲线；右结构“嬰”上边两个“貝”的撇和点减笔写成两短竖和一短横，下边“女”的撇点写成横右端下挫，撇写成3折曲线，横写成一折线条。边框厚重，构图显得庄重沉稳，线条曲折疏密不一，亦长亦短，排列有致。

图3-199和图3-200的“累”的写法基本相同，只是“小”的撇略有不同；“代”的部首如双胞胎，斜钩同样多折，只是形态有所不

图3-199　潮安区江东镇庄厝（清康熙五十五年）

图3-200　潮安区古巷镇象埔寨（清光绪三十年）

同；“簪”字几乎一模一样，“缨”字整体看大同小异。

49. 联（聯）丁科甲

图3-201，“聯”的部首“耳”写成竖直冲顶端的“目”；右结构上边两个“幺”的第一撇折都写成竖右折，第二撇折都写成竖左折再下挫右折，点都写成竖；下边省笔，写成3折曲线压过横并在右下角加上短竖。“丁”的横两端下挫，左端成13曲线，右端成15曲线，竖钩写成竖左折。“科”的部首“禾”下蹲，第一撇写成横，第二撇写成短横左下挫，点写成竖；“斗”两点写成两短横，跟横一样压在部首的上方，横写成6折曲线，竖写成11折线条。“甲”中“曰”里面的横中部下塌，竖出圈后曲了16折，线条把下边的空间布满。构图简字繁写，可谓不厌其烦，力求布满门簪，有如李白所云之“时时只见龙蛇走”。

图3-202，“聯”部首“耳”第一竖下移，致上不连第一横而下超出提，第二竖在靠末端处曲3折；右结构两个“幺”都连成一笔，左成7折曲线，右成8折曲线；下边写成横右端上翘，一竖压过横左端，一条3折曲线压过横中间。“丁”的横两端下挫各成9折曲线，竖钩写成7折线条。“科”部首“禾”的撇似口朝上的“G”形，横左端下挫，第二撇和点各成1折曲线；右结构“斗”两点都写成一折曲

图3-201　潮安区东凤镇下张村（清光绪三年）

图3-202　潮安区东凤镇下园村

线，横写成短横左下挫拉长，且横不过竖。“甲”中的“曰”写成空心“工”字形里面一横，竖出圈后曲11折。构图一变原字头重脚轻形态，多曲之后以横收笔使造型厚重踏实，端庄之中显得风流潇洒。

图3-203，“聯”的部首“耳”下蹲并变体，写成“日”横折的折下伸，再连上短横左下挫曲线；右结构左侧的“幺”左移到部首上边，写成一折曲线连着3折曲线，省略点，右侧的“幺”也写成一折曲线连着3折曲线并再连上竖；下边写成一折曲线与2折曲线相交并在右下角加上竖。“丁”的横两端下挫，左端连着12折曲线，右端连着15折曲线，竖钩写成竖抵底左折。“科”部首“禾”的横左端下挫，竖收笔左折，撇和点各写成一折曲线；右结构“斗”的第一点写成一折曲线，横两端下挫拉长抵底，竖曲了2折。“甲”的“曰”形体下拉约占整个字的75%，除横折的横外其他三条外边都内塌成曲线，竖出圈后曲6折。结体挺拔，意态生动，长短屈曲的线条张弛有度，给人耳目一新的视觉感受。

图3-201至图3-203“联”多有变化；“丁”两笔都尽量曲折，让线条布满空间；“科”的“斗”写法各不相同；“甲”的竖出圈后总要屈折以求下边空间充实。

图3-203　潮安区彩塘镇华美村

50. 联（聯）登科甲

图3-204，“聯”部首“耳”的第一竖上不连第一横，下拉长立地；右结构两个“幺”写成两个反写“弓”字形，下边写成横加一竖和“弓”字形6折线条。“登”的部首“癶”似两把老式钥匙，把子拉长至离底部三分之一处；下结构“豆”上边的横两头往上翘，再内折，下边的点和撇写成两短横里端下折的短线。“科”部首“禾”上边的撇写成横，横、第二撇和点分别写成短横然后下折线条；右结构“斗”两点写成短横线，紧贴在竖上，而竖起笔左折下挫连着上短横线，顶端成了“口”字形，一共曲了11折。“甲”的“口”写成空心“工”字形，竖出圈后曲了14折，把整个下方布得满满的。结体修长秀丽，布局有致，线条流畅爽利，柔韧中见刚劲。

图3-205，“聯”部首“耳”的横写成口朝左“C”形2折线条，第二竖不及顶，只连在“耳”中第二横，然后曲了5折抵底横收笔；右结构两个“幺”省去一个，写成3折曲线下连着3折曲线和一折曲线，下边写成“十”形右侧加上4折线条。“登”部首“癶”像两把勺着东西的勺子，勺口朝外，柄子在下；下结构“豆”上边的横2折成线，似缺了竖的“口”字形。“科”部首“禾”上边的撇和竖连成一体，写成6折线条至底横收笔，横左端上翘，第二撇写成竖，点写

图3-204　潮安区江东镇庄厝（清康熙五十五年）

图3-205　潮安区金石镇仙都村（清咸丰十一年）

成横右下折；右结构“斗”上点写成竖右折，下点写成短横，均贴上竖，而竖写成9折长线，在最底处以短横收笔。“甲”中间的竖出圈后拐了18个弯，如迷宫密布的小道。造型稳重平衡，结构清晰，线条筋骨齐现，刚柔相济。

图3-206，“聯”部首“耳”上横两端不出头，成“目”字形，第二竖曲了7折，抵底以横收笔，多写了一短横连在第四和第五折中间竖线上；右结构两个“幺”设计为反写“弓”和“弓”字形，下边写成横线上又压上反写“弓”和“弓”字形。“登”的部首“癶”似长柄勺子，勺口朝外，里面各有一短横，柄子下拉至底横上方；下结构“豆”中的第一横变体为“口”，置于下“口”之上。“科”部首“禾”上边的撇写成横，而横写成口朝左的“U”形曲线，竖穿进“U”形之中至底以横收笔，第二撇写成短横左下折拉长，点写成竖抵底；右结构“斗”的两点和横都写成短横，第二、第三横连着竖，而竖写成曲了11折的长线，至底以横收笔。“甲”上边压扁，竖出圈后曲了13折，一路向下，横冲直撞，在左下角以横收笔。造型古拙清丽，线条轻柔优美，符合文人素雅的审美观。

图3-207，“聯”部首“耳”变体为“目”字形，竖后再曲8折，似连带着一个“弓”字形；右结构两个“幺”省去一个，其上多了一

图3-206　潮安区龙湖镇银湖村（清光绪二十四年）

图3-207　潮安区凤塘镇玉窖村

横，下边横收笔上翘，左竖盖住横头，然后上冲，右竖压横中间后曲3折以横收笔。“登”部首“癶”好像两把勺子，里面盛着短横，勺口向外，柄子拉长至底；下结构“豆”第一横两端向上2折，似上方中间开了一条缝的“口”字形。“科”部首“禾”变体，似一短竖连着上下两个“弓”字形，短竖中间连上一短横；右结构“斗”也变体，写成“彐”形、下边一横、下再连着一个“巾”字形。“甲”的“曰”除了横折的横外其他三条边都中部内塌，竖出圈后曲了9折，抵底以横收笔。造型简约规整，线条稚拙硬朗。

图3-208，“聯”部首“耳”变体为“日”，不足字高的三成，竖下坠后再折了4小折，以竖拉长及底，横折的折成2折长线，也及底；右结构两个“幺”省去一个，设计为曲了11折的线条，下边横两头翘起，一竖压横再2折至底，右下角为先竖后左折线条。“登”部首“癶”好像两把相背的勺子，里面有一短横；下结构“豆”的上横写成了5折的曲线，占了比“口”还大的空间。“科”部首“禾”上边的撇写成横，而横两头高翘起，竖曲3折，先朝右折，再竖后又折回左，撇写成9折线条，点成小圆点，挤在横下方；右结构“斗”的横设计为先短横后左下折拉长，竖成4折长线，连着短横，左上盛着

图3-208　潮安区凤塘镇玉窖村

上下两个小圆点。“甲”第一笔竖和横折的折均拉长，各曲了12折抵底，两线对称。结体虽变异但不失规整，直线和曲线交相辉映。

图3-209，“聯”部首“耳”似“貝”字形，下蹲，里面一短横右端下折，另一短横移出写成3折曲线；右结构两个“幺”各省去点，一个移至“耳”上方，下边左右结构写成上下结构，上为右上角留缝“口”字形3折曲线，下为“5”形线条横连着收笔下挫的“2”形线条。“登”部首“癶”写成反写的“E”和“E”形收笔下挫，一坠至底；下结构“豆”上边的横写成右上角留缝的“口”字形，点和撇分别写成“2”和“5”形收笔下挫连上下边的横。“科”部首“禾”上边的撇似没封口的“口”，横两端下挫，一长一短，竖至底左折，第二撇和点均写成横折线条，一朝左折，一朝右折；右结构“斗”两点连成一笔，写成“5”形线条，横左端下挫至底，右端上翘，竖写成10折长线。“甲”方圈上提，竖出圈后曲了21折。造型看似造作，可其紧密布局与装饰效果却令人叹为观止。

图3-210，“聯”部首“耳”矮身近半，只是第一竖心有不甘似地高举着手，第一横两端缩短，第二竖写成竖左折，提写成短横；右结构上边两个“幺”都写成短竖连着上下两个“口”字形，下边写成横压上一竖和一条6折曲线。“登”部首“癶”写成反写的“E”形和“E”形收笔下挫拉长；下结构“豆”上边的横写成4折曲线。“科”部首“禾”被压低，第一撇写成4折曲线，第二撇写成短横左下折，

图3-209　潮安区东风镇横江村

图3-210　枫溪区长美村

点写成竖；右结构“斗”强压在“禾”的头上，第一点写成2折曲线，第二点写成短横，横右端上翘升高后再左折，竖写成十弯八曲的纵向曲线。“甲”的“曰”上提，两条立边中部往里塌，竖出圈后迂回曲折，一路向下，一共拐了15道弯。造型设计在常规中有所变化，线条清晰简练。

图3-204至图3-210“联”的部首“耳”多变体，两个“幺”多省去一个；“登”的部首写法大体一致，变化细微而不强烈；“科”的“斗”多有变化，其竖多折；“甲”的竖出壳后大都曲折如巷陌，使得下方密不透风。

51. 联（聯）登科甲　累代簪缨（纓）

图3-211，“聯”部首“耳”的第一竖缩短，不顶上接下，提写成3折曲线；右结构上边两个“幺”写成两个“5”形，下边写成横压上一条3折曲线和1条6折曲线。“登”部首“癶”写成反写“E”收笔下挫拉长和“E”收笔下挫拉长；下结构“豆”的第一横写成口朝上的“C”形，下边的点写成短横右端下挫，撇写成短横左端下挫。“科”部首“禾”上边的撇写成横，横右端下挫再朝里曲了2折，第二撇写成短横左下挫拉长至底，点写成3折曲线；右结构“斗”的两

图3-211　潮安区归湖镇葫芦市

点都写成横，竖写成11折线条，起笔与第一点连接。“甲”的“曰”写成空心的“工”字形里面一横，竖出圈后曲了13折。“累”部首“糸”中“幺”的第一个撇折写成3折曲线，第二个撇折写成4折曲线，点写成竖；“小”的竖钩写成竖左折再上翘，撇写成“C”形，点写成短横。“代”部首“亻”的撇写成“弓”字形收笔下挫至底曲线，竖写成5折曲线；右结构“弋”的横写成起笔上翘再朝里折，收笔下挫的曲线，斜钩写成10折曲线，点写成短竖。“簪”的部首“⺮”写成两个“E”形；中间部分变体，写成并列两个“干”字形下边各连着2折曲线。“缨”部首“纟”第一个撇折写成竖右折曲线，第二个撇折写成3折曲线，点写成短竖，下边简化成一笔，写成短竖右折曲线；右结构“婴”上边两个“貝”的撇和点省写成2短横，下边“女”的撇点写成4折曲线，撇和横连成一笔，写成4折曲线。红色为背景，文字和边框施以藏青色，藏青色决定了受众的第一印象：冷静、知性；结构紧密方正，纹丝不动，线条精细秀丽，内劲含蓄。

52. 敦睦和顺（顺）

图3-212，石门簪造型为外方内圆，方圈的边较宽大，圆圈的边还不到它的一半大，在四角配有蝙蝠图案。“敦”左结构上边的点写成竖，横写成一折曲线，“子”的横折写成云状，竖钩中间弯了一下；部首“攵”的横写成略弯弧线，撇写成三处微弯的曲线，捺写成一处稍弯曲线。“睦”部首“目”稍下移；右结构上边的“土”盖到“目”的上边，撇和点都写成弧线，下边的“土”看起来就像是“方”字。“和”部首“禾”上边的撇沿圆边写成微弧线，横两头上

图3-212　潮安区庵埠镇溜陇村

翘升高，竖写成弧线，上边至圆的边，第二撇和点连成一笔写成2折曲线；右结构“口”的两条立边都升高，左低右高。“順”左结构三笔都写成略弯曲线，部首“頁”第一笔的横和最后一笔的点都写成跟圆边并行的微弧线条。两字都从左到右排列，文字采用毛笔书写；受圆边的影响，边缘的线条都成弧形；线条流动轻松，略具张力，鲜有的活力给人古朴而秀气的艺术享受。

53. 富贵（貴）财（財）丁

图3-213，“富”的部首“宀”设计成“山”字形，两边都往外折再下挫；下结构“畐”中“田”的两条立边内凹，似空心的“工”字形里面装着“十”。“貴”上边“中”横折的横中部下塌，其下的横两端下挫拉长；部首“貝”的撇和点写成短竖朝外折。“財”的部首“貝”略为低头，撇写成“U”形，点写成短竖；右结构“才”的横压过“貝”，右端上翘，其上增写一短横，竖钩写成2折线条，撇写成短横左下挫，在其末端多写一短竖。“丁”的横两头上翘，左端似连着“弓”字形曲线，右端似连着“2”形曲线，其上多写了一短横；竖钩写成4折曲线，其下又多写了一笔，依4折曲线走势，只少了最后的翘起，成了一条3折曲线。造型轻灵简素，淡洁雅致；线条轻逸润朗，清晰流畅。

图3-214，“富”的部首“宀”形似“山”字形，两旁空心，高与中部齐；下结构“畐”长胖。“貴”的“中”上边中部下塌，下边

图3-213　潮安区凤塘镇后陇村

图3-214　潮安区东凤镇洋东村

的横缩短；部首“貝”的撇和点都写成一折曲线，左长右短。“財”部首“貝”的竖和下边的撇连成一笔写成4折曲线，里面的两短横都写成“Z”形曲线，横折的折和下边的点连笔写成折拉长至底再左折；右结构“才”瘦身，横不过竖钩，左端上翘，撇写成短横左下挫，竖钩写成竖左折。“丁”的横写成10折线条，竖钩写成11折线条。布局疏密有致，颇有神韵，线条层次分明，大方可人。

图3-215，“富”的部首“宀”写成小“山”形，左右两边都朝外折再下挫；下结构“畐”的横写成口朝上的“C”形，“口”和“田”都略胖。“貴”的“中”上边中部下塌，其下之横两端下挫拉长；部首“貝”的撇和点都写成一折曲线，左边略长。“財”的部首“貝”下蹲，竖下探连上写成反写“C”形曲线的撇，横折的折连上点写成的竖右折曲线；右结构“才”的横长过“貝”，写成6折线条，竖钩写成4折线条，撇写成短横左端下挫拉长。“丁”的横两头上翘，左端似连着“弓”字形，右端似连着反写“弓”字形，占了整个字的上半部分；竖钩写成9折线条。造型简约精良，中规中矩，线条干脆利落，满盈力道。

图3-216，“富”的部首“宀”似“山”字形，两边各朝外折再下挫拉长抵底，下结构“畐”的横写成口朝上的“C”形。“貴”中“中”横折的横中部下塌，下边的横两端下挫拉长至底。“財”的部首“貝”下蹲只占四分之一空间；右结构“才”的横盖过“貝”，写

图3-215　潮安区东凤镇洋东村

图3-216　湘桥区甲第巷

成“2”形横拉长上翘高升及顶，竖钩写成横起笔的4折线条，撇写成一折曲线。“丁”的横写成右端起笔而左端收笔的9折线条，竖钩写成7折线条，起笔偏于字的左端。构件似高山如流水，灵活多变，线条豪气劲逸，无凝滞之感。

图3-217，“富”部首“宀”上边的点写成短横，第二点和横撇连成一笔，写成6折曲线；下结构“畐”在“口”和“田”中间增写了一条横两端下挫至底的曲线和横。“貴”上边“中”的“口”中部下塌，中间的竖写成短横放在凹口里面；部首“贝”里面的一横写成竖并突出来向上穿过横连上“凹”字形，撇写成短竖连着“5”形曲线，点写成短竖连着“2”形曲线。“財”部首“貝”的竖上不连着横折，横折的折下探至底再左折，里面的横都写成2折曲线，下边的撇和点省略；右结构“才”的横上移缩短且左端上翘，竖钩写成竖，撇写成短横左端下挫拉长至底。“丁”的横两端下挫，左端再曲了17折，右端再曲了19折，形态左右近乎对称，竖钩写成竖左折。造型规整清癯，线条虽瘦却颇具筋力，表现了石的坚硬和柔润的质感。

图3-217　潮安区庵埠镇文里村

图3-213至图3-217的“富”的部首都写成“山”字形；“贵”中“中”的上边中部都下塌；“财”的部首“貝”多下蹲；“丁”两笔都写成多折线条。

54. 禄（祿）全寿（壽）全

图3-218 潮安区古巷镇象埔寨

图3-218，“祿”左右结构变体为半包围结构，部首“礻”上边的点写成横，长与横撇的横相同，竖缩短，横撇的撇和点都写成3折曲线，以长竖抵底，把原来的右结构半包围在里面；“录”的第二横右端缩短，点、提和撇、捺都写成点。“全”部首“人”的撇写成3折曲线，以竖抵底，捺写成2折线条，也以竖抵底；“王”中的竖分身为二，写成相向的4折线条，上不接第一横，下没连第三横。“壽”上边“士”的第一横两头上翘再往里折，横折起笔下挫拉长至底，折也拉长至底，“工”下边的横省去，把部首“寸”的点下移至“口”的下边。“全”的写法跟右石门簪不同，撇写成5折线条，似“5”形收笔下挫至底，捺写法与右石门簪相同；“王”写成“口”字形的两竖边出头连着“5”和“2”形线条。造型修长清秀，豪迈大方；线条细腻工致，劲利润朗。

55. 福寿（壽）

图3-219 潮安区金石镇湖美村（清康熙五十四年）

图3-219，“福”部首“礻”上边的点写成横，跟横撇的横等长，横撇的撇和点各成纵向12折曲线；右结构“畐”的“口”省去横折的横，写成“25”形相连的线条，“田”也

变体，写成一横两端连着反写“S”形和“S”形曲线。“壽”上边“士”第一横右端上翘后右折再下挫拉长抵底，第二横左端上翘后左折再下挫拉长抵底，横折写成横；“工”变体写成“口”字形，横缩短一半放在“口”的上边，而“口”减笔写成“25”形相连线条；部首“寸”的横写成口朝左“U”形线条，竖钩写成2折线条，点写成一折曲线。造型雍容庄重，图案感强烈，线条坚挺爽利，富有弹性。

图3-220，“福”变体为半包围结构，其部首“礻”写成“王”字形，其第二横两头上翘与第一横等高，第三横两端下挫拉长至底，把原本的右结构的“畐”半包围在里面。“壽”中“士”的第一横两头上翘再朝里折，横折起笔下挫拉长至底，折也拉长至底，下边的横省略；“口”的竖和横折的折都出头再朝里折；部首“寸”省笔，写成“5”形线条。形体稳重牢固，装饰性强，线条规整匀称，刚中有柔。

图3-221，“福”变体成半包围结构，部首“礻”上边的点写成横，横撇的横两头上翘再朝里折，竖缩短，点和横撇的撇写成2折线条，其竖至底，把原本的右结构“畐”半包围在里面。“壽”上边“士”的第一横两头上翘再往里折，横折起笔下挫拉长抵底，折也拉长抵底；“工”下边的横省去不写，“口”的竖和横折的折都出头再朝里折；部首“寸”写成反写“E”形。造型雍容大气，给人温润恬

图3-220　潮安区凤塘镇大埕村

图3-221　潮安区浮洋镇云路村

静之美感；线条多直少曲，自高而下排列有致，富于层次感。

图3-222，两枚石门簪采用外方内圆形制，方框边较宽，在四个角加了角花，剔地后以凸起阳线构成圆形。“福”变体成半包围结构，部首“⺭”上边的点写成横，横撇的横两头上翘，竖省略，横撇的撇和点写成2折线条，分别沿圆边向下边拉，末端相遇，几乎相碰，把原本的右结构“畐”半包围在里面。“壽”中“士”的第一横缩短且上移，几近圆边，第二横伸长并两头上翘，横折起笔下挫拉长，折也拉长，两线条在底相逢只打招呼而没握手，把“工”下边的横移至其上；“工”的竖和第二横左移而第一横仍在部首“寸”上方。造型图案感强烈，丰满圆润，形态可人；线条柔润多弧，流畅婉转，清芳灵巧。

图3-223，“福”部首“⺭”写成：横、口朝上“C”形2折曲线下边缀着竖、竖左右侧各12折纵向曲线；右结构“畐”上边的横省略，“口”的竖写成3折曲线，横折的折也写成3折曲线，横折的横下移而不跟其他线条连接，“田”的竖和横折的折都伸长脖子再向里曲了3折。“壽”上边“士”的第一横两头上翘再往里折，横折的折下探至底再曲了4折；“工”缩小到跟“口”等大，横也缩短且移至“口”之下；部首“寸”省笔，写成一条一折曲线跟一条2折曲线相交。造型端庄文秀，线条流畅，韵味清雅。

图3-222　湘桥区铁铺镇铺埔村

图3-223　潮安区庵埠镇文里村

图3-224　湘桥区桥东街道卧石村

图3-224，“福”变体为半包围结构，部首“礻”写成横、横两头上翘和横两端下挫拉长至底，把“畐”半包围在里面。“壽”上边“士”的第一横两头上翘再朝里折，横折起笔下挫拉长至底，折伸长也至底，第五横移至“口”下；“口”长胖，部首“寸”省略不写。造型工整稳重，体态刚健，线条简洁潇洒，一扫繁冗的外表夸饰，给人眼前一亮的感觉。

图3-225，“福”部首“礻”写成横、横两端下挫成波浪曲线、竖；右结构“畐”上边的横写成短竖，“口”的竖和横折的折都升高弯曲，把短竖合在里面，“田”中的“十”写成“X”，4条边写成弯曲线条。“壽”减笔变体设计，写成上边是上下两个“工”字形，第二横都两头上翘，左下侧是“口”，其竖和横折的折都上伸再曲折成线，横折的横缩短不跟两边接触，右下侧是两条2折曲线相交

图3-225　潮安区金石镇湖美村

的“丘”形。造型古朴，有着较为浓郁的乡土气息，线条简约但不简单，折角与弯弧各得其宜。

图3-226，“福”变体为半包围结构且省笔，部首“礻”写成两头上翘的横上边躺着横，下边连着两条短竖收笔朝外折再下挫拉长抵底后又外折再上翘升高线条；右结构“畐”上边的横和“口”写成“工”字形。“壽”上边写成短竖连着两头上翘再朝里折的横，横下连着两条短竖起笔的曲线，曲线明显仿照“福”部首的写法，中间是“工”，左下侧是“日”字形，右下侧是反写“E”形。造型讲究对称，稳重大方，线条清晰雅洁，气韵流畅。

图3-227，“福”变体为上下结构，部首“礻”写成短横下边两横，第一横两头上翘再朝里折，第二横两端下挫也朝里折，一短竖压过第二横连上第一横；右结构“畐”的横两端下挫拉长至底。“壽”变形减笔，上边“士”的第二横伸长后两头上翘至顶再朝里折，横折起笔下挫拉长至底，折也伸长至底，第五横写成横右端下挫成回旋纹；“口”的竖和横折的折均收笔时再稍下探，部首“寸”省略。造型工整端庄，线条尚直少曲，笔势强劲，颇有厚重感。

图3-228，毛笔书写篆体，“福”部首“礻”写成竖支撑着一条弧线，其上又承载着一条较小的弧线，两条对称的纵向弧线立于竖的左右两侧；右结构“畐”的横和“口”“田”的外边都写成弧线，

3-226 潮安区金石镇湖美村

图3-227 潮安区东凤镇仙桥村

图3-228 潮安区东凤镇大寮村

“田”里面的“十”写成“X”。“壽”的横折起笔下挫拉长，折也伸长，“工”下的横省略，部首“寸”的横和竖钩写成“X”形。文字施以藏青色，让人感觉更知性、踏实；造型端庄中正，淳朴厚质；线条肥拙宽绰，起笔和收笔均尖锐似刀，柔润之中显露锋芒。

图3-229，“福”变体，部首“礻”移至字的上方，写成两头上翘的横上边躺着横，下边连着竖，竖左右各有一条以竖抵底的3折曲线，把“畐”关在里面。“壽”上边“士”的第二横两头上翘再朝里折，竖穿过第二横连上由横折写成的横，“工”下边的横省略，“口”的两立边露头再曲了3折；部首“寸”的竖钩写成横下折再左折曲线，把缩短的横和由点写成的短横放在曲线里并连上它。造型清瘦干练，方正大气；线条自如伸展，利落流畅，筋骨劲健。

图3-230，“福”部首“礻”写成竖支撑着两横，两条中间直首尾曲的6折线条对称地立于竖的左右侧；右结构“畐”的“田”长高，里面的“十”写成“X”。“壽”设计奇特，写成一条转了三个弯的6折曲线，极其夸张地自上而下把三个“工”字形缠在里面，简洁明了。造型变异改变了单调感，笔画虽简而神韵俨然，增强了装饰性；线条具水到渠成之势，潇洒利落，毫无滞涩之感。

图3-219至图3-230有三个“福”写成半包围结构；“寿”中的横折有三个起笔写成下折拉长，而横折的折也拉长。

图3-229 潮安区文祠镇东社村

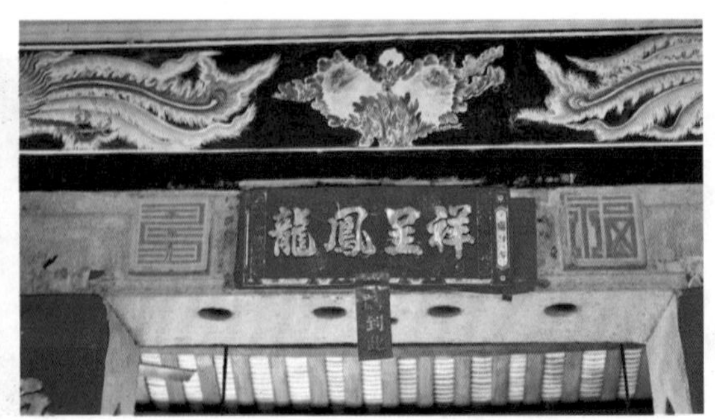

图3-230 潮安区古巷镇孚中村

56. 福禄

图3-231，“福”左右结构变体为半包围结构，部首“礻”上边的点写成短横，横撇的横写成中部下塌的4折线条，横撇的撇和点各写成10曲线，竖缩短，整个“福”字似剪纸剪成的左右对称的图案。“禄”左右结构变成半包围结构，部首“礻”上的点写成短横，横撇的横写成中部下塌的4折曲线，竖缩短，横撇的撇写成短竖左折再连着反写的“弓”字形，点写成短竖右折再连着“弓”字形；“录”第二横右端缩短，竖钩写成竖左折，点和提连成一笔，写成口朝左“U”形，撇和捺写成“5”形。构图及线条不拘于一般的平衡，极具装饰性，设计出人意表，充溢着民间艺术之美感。

图3-232，“福”变体成半包围结构，部首“礻”上边的点写成横，横撇的横写成两头上翘的线条，竖缩短，横撇的撇写成4折曲线，点也写成4折曲线，整个字左右对称，很具图案感。“禄”左右结构变半包围结构，部首“礻”上边的点写成横，横撇的撇和点各写成6折线条，起笔顶上框边，且不跟其他线条连接；“录”的第二横右端缩短，下边的点、提和撇、捺都写成点，并多写了四点，两边各四点成四方形的四角排列，整个字几近对称。造型均衡对称，平稳端方，线条轻灵刚健，遒劲有力。

图3-233，“福”变体为半包围结构，部首“礻”上边的点写成

图3-231 潮安区沙溪镇沙二村

图3-232 潮安区金石镇仙都村

横，横撇的横两头上翘，竖缩短，横撇的撇和点各成3折曲线，以竖抵底，且不跟其他线条连接；右结构“畐”变体，写成“2”形下连一竖，左边“5”形，右边“2”形。“禄”变体成半包围结构，部首上边的点写成横，横撇的横两头上翘，横撇的撇和点写成3折曲线，其竖至底，不与其他线条连接；“录”变体，第二横右端缩短，下边的点、提和撇、捺写成口朝左“U”形和口朝右“U”形，底一横。造型在变化中体现均衡，体态大方稳重，线条自然爽朗，色彩鲜明，荡漾着灵秀清丽的气质。

图3-233　潮安区东凤镇博士村

图3-234，“福”部首“礻”上边的点写成短横，横撇的横写成口朝天的“C”形曲线，被竖一柱独力擎托着，横撇的撇和第二点写成纵向对称的12折曲线似彩练从天飘逸接地；右结构“畐”中的“口”竖移位到下方，写成横，“田”的竖露头，高与横齐，同时下探且右折伸长至边，横折的折突出至顶后左折拉长，这样左折形成的横跟底部右折形成的横上下相互照应。“禄”部首“礻”写法与“福”相同；右结构“录”的第二横缩短，竖钩写成竖左折，点写成反写“C”形曲线，提写成“2”形曲线，撇写成“5”形曲线，捺写成“2”形曲线，四条曲线把剩下的空间全部填满。造型设计注重装饰效

图3-234　潮安区金石镇湖美村

果，构件或线条追求内部或整体上的呼应，线条凌厉，转折干脆，在白底色的衬托下金黄色文字显得更能引人注目。

图3-235，“福”部首“礻”写成口朝上“C”形2折曲线，里面躺着一横，竖在下面支撑着它，两条对称的纵向14折曲线立于竖的左右侧；右结构“畐”的横写成4折曲线，“口”写成“曰”字形，“田”中的横和竖都写成4折曲线。“禄”部首“礻”的写法与“福”相同；右结构“录”的第二横缩短，点写成口朝左“C”形曲线，提写成8折曲线，撇写成“C”形曲线，捺写成8折曲线。金色的文字配以藏青色的背景，显得清新醒目；造型侧重装饰性，强调对应均衡，线条曲直有致，赢得了较为明显的视觉效果。

图3-236，“福”部首“礻”点写成一横放在口朝上的“C”形曲线中，下边连着竖，竖两侧各有一条纵向12折曲线，左右对称；右结构“畐”上边增加了“士”字形三笔画，第一笔画是4折曲线。“禄”部首“礻”写法跟“福”相同；右结构“录”上边也增加了“畐”同样的笔画，而“录”本身却减笔，写成口朝左的“U”形曲线下边连着竖左折，左侧连着4折曲线，右侧连着3折曲线。造型工整，笔画似繁又简，线条纤弱，气定神闲，在柔绵中显露刚劲的力量。

图3-237，“福”部首“礻”增笔，写成两横下边连着竖，左

图3-235　潮安区沙溪镇浦边村

图3-236　枫溪区池湖村

图3-237　枫溪区池湖村

侧有上下两个“弓”字形曲线，右侧有上下两个反写“弓”字形曲线，左右对称；右结构“畐”减笔，“口”写成一条纵向8折曲线，“田”的两条竖边中部都往里塌。“禄”的部首“衤”写法与“福”相同；右结构“录”的横折写成一条4折曲线，竖钩写成竖，竖左侧两笔合一，写成一条9折曲线，右侧笔画也合二为一，写成一条纵向7折曲线。造型设计在差别中求一致，富有整体美感，线条曲直兼顾，长短咸宜，一派平和。

图3-231至图3-233的“福”和“禄”都写成半包围结构，装饰成分较为浓烈。

57. 福禄（禄）寿（壽）全

图3-238，“福”变体为上下结构，部首“衤”写成口朝上的“C”形，里面放着点，下边中间连着短竖，两边连着短竖往外折再下挫拉长的曲线；右结构“畐”的“田”长胖了点。“禄”也变体写成上下结构，部首“衤”写法与“福”相同；右结构“录”的第二横缩短，竖钩和点、提连成一笔，写成“21”形相连的5折曲

图3-238　潮安区东凤镇洋东村

线，撇和捺连成一笔写成“2”形曲线。“壽”上边“士”的第一横写成口朝上的“C”形，横折起笔也下折；部首“寸”的横省略，竖钩写成3折曲线，点写成短横。“全”部首“人”的撇写成横左端下折拉长，捺写成横左端上翘而右端下挫拉长；下结构“王”的第一横两端下挫拉长，第三横写成“25”相连的8折线条。原本涂上的色彩基本褪尽，剩下文字色深、背景色浅的石材本色，色彩少了，可本色的美感也更体现出来；造型端庄，结构紧凑；线条顶面圆润，丰富厚重，壮硕有力。

图3-239，“福”变体为半包围结构，部首“礻”写成口朝上的“C”形，盛着一横，缩短的竖和两短竖往外折再下挫拉长抵底。“禄”部首“礻”上边横盖整个字，点写成一短横，横撇的横两头上翘再朝里折，横撇的撇写成短竖左折再下挫拉长，竖写成竖至底左折，第二点写成短竖右折；“录”的第二横缩短，竖钩写成竖左折，点和提写成短横和短竖，撇和捺写成短竖收笔右折曲线和短横右下挫曲线。“壽”上边“士”的第一横写成口朝上的“C”形曲线，横折的起笔也下折，“工”下边的横省略；部首“寸”的横伸长到“口”的上方，竖钩写成3折曲线。“全”部首“人”的撇折成横重叠收笔下折拉长至底，捺写成横左端上翘右端下挫拉长抵底；下结构“王”的第一横写成口朝左的“U”形曲线，下边两横都两头上翘。以蓝色为背景，文字施以藏青色，基调相近，看起来正派，同时也给人带来一种信赖感和安心感；形体挺拔，似山屹立，稳定不动；线条舒缓有致，趣味清雅闲适。

图3-239 湘桥区甲第巷

图3-240，“福”变体为半包围结构，部首“ネ”移至整个字的上方，上边的点写成横，与横撇的横等长，竖省笔，横撇的撇和第二点都写成短竖往外折再下挫拉长抵底。“禄”也变体为半包围结构，部首“ネ”写法与“福”的部首相同；“录”变形，写成“2”形下连一竖和一横，竖左右各有上下两短横。“壽”横折的折拉长至底，部首“寸”的横左端伸长，点写成短竖。“全”的部首变体多加笔画，写成横中间下连着短竖再连着横两端下挫后各曲了8折的线条；“王”矮化半截。造型简洁明快，大气稳健，线条厚重而流动，柔中有刚，让观赏者立马感受到金石之韵。

图3-241，“福”变体成上下结构，部首“ネ”写成口朝上的“C”形，盛着一短横，竖缩短，左右二短竖各往外折再下挫拉长；“畐”的“田”长胖且里面的横写成2折曲线。“禄”变体为上下结构，部首写法与“福”相同；“录”的第二横左端下挫，竖钩写成竖，点和提连成一笔，写成3折曲线，撇和捺也连成一笔，写成“2”形4折曲线。“壽”上边“士”的第二横两头上翘升高再朝里折，把“十”盛放在里面，横折的左端也下折；部首“寸”的横右端下折，竖钩写成竖。“全”部首“人”的撇写成横左端下挫拉长，捺写成横左端上翘而右端下挫；下结构“王”的第一横左端上翘，第二横写成8折曲线，竖上不过第二横，第三横写成“25”形相连的8折曲线。形

图3-240　潮安区彩塘镇华美村

图3-241　潮安区东凤镇横江村

态善变，各部位比例得当，线条规矩严谨，丝毫没有马虎草率之感。

图3-242，“福”变体为半包围结构，部首“礻”移到整个字的上方，写成口朝上的“C”形中放着一横，中间支撑着缩短后的竖，横撇的撇和第二点写成口朝左的“U”形收笔下挫拉长抵底和口朝右的“U”形收笔下挫拉长抵底的曲线，把“畐”半包围在里面。“禄”也变体为半包围结构，部首“礻”的写法跟“福”相同；“录”的第二横缩短，最后四笔都写成点。“寿”上边“士”的第一横两头上翘再朝里折，横折的折拉长至底，其起笔也下折并拉长至底，“工”下边的结构变形并减笔，写成“口”中压上先竖后3折的曲线和短竖。“全”部首的撇写成横曲折后再左端下挫拉长至底，捺写成横右端下折拉长抵底；下结构“王”的第一横和第三横都写成口朝左的“U”形曲线，第二横写成“S”形曲线。造型典雅静谧，讲求均衡对称，线条清逸圆润，刚劲有力。

图3-242　湘桥区下西平路

58. 福禄（禄）满（满）堂

图3-243，“福”变体为半包围结构，部首“礻”移至整个字的上方，写成口朝上的“C”形，里面盛着一横，下边一短竖和两条先短竖后往外折再下挫拉长至底的曲线，变形后把“畐”半包围在里面。“禄”跟“福”一样变体成半包围结构，部首“礻”把“录”半包围在里面；“录”的第二横缩短，最后的四笔写成三点和一短竖。“满”部首“氵”上涨，提写成短竖右折；右结构的“艹”写成“丩”形和反写“丩”形，“两”的横曲折成上长下短的2折曲线，“冂”的横折钩的钩拉长成横后上翘再往里折而成为整个字稳固的依托，“从”写成竖两边上下各两点。“堂”上边的竖升高，点和撇写成“2”形和“5”形曲线，第二点和横折连成一笔，写成横中部下塌，两端下挫拉长至底。结体矜持与活泼并存，大气稳健，点线结合，灵性生动。

图3-243　潮安区庵埠镇文里村

59. 福如东（東）海

图3-244 潮安区彩塘镇华美村（清光绪年间）

图3-244，“福”左右结构变体为半包围结构，部首“礻”上边的点写成横，横撇的横两头上翘，竖缩短，横撇的撇和第二点都写成短竖后朝外折再下挫拉长抵底，把原本右结构的“畐”半包围在里面。“如”部首“女”的撇点写成纵向5折曲线，撇写成3折曲线，横写成4折曲线；“口”位置下移到右下角。“東”上边的横两头上翘，竖钩写成只竖没钩，撇和捺写成左“弓”字形和右反写“弓”字形。“海”部首“氵”第一点写成短横，第二点写成“C”形，提写成竖右折再上翘；右结构“每”的撇写成横，而横写成口朝右“U”形收笔下挫，放在横下边，不跟它笔连接，“母”的横折钩的钩写成“5”形4折曲线，横写成横右端下折拉长至底，里面两点连成一竖。利用藏青色的背景衬托金色的文字，使之更加引人注目；结体疏朗清秀，亭亭玉立，线条给人舒畅流云之动感，隐含生命反复重生的意义。

60. 德修利见（見）

图3-245，“德”的部首“彳”分别写成6折“弓”字形曲线、2折以竖抵底曲线和似锯齿的16折曲线，它们彼此不连接；右结构变体，上边是两条竖起笔朝右折的“4”形曲线，左边的竖连着起笔下挫拉长至底的5折“2”形曲线，右边的竖连着以

图3-245 潮安区金石镇仙都村

竖抵底的6折曲线，两抵底的竖中部是一个里面有一条2折曲线的立式长方形。“修”部首“亻”笔画合二为一，写成纵向27折曲线连着竖的线条；右结构的竖抵底，第一撇省去，横撇写成口朝左收笔下挫的“U”形曲线，捺写成以长竖收笔的2折曲线，三撇写成两个“弓”字形和一个“2”形曲线。“利”左结构“禾”上边的撇和竖连成一笔，写成短横右端下挫拉长抵底，横右端上翘再朝里折，第二撇和点连成一笔，写成横两端下挫再曲了15折的线条，曲折部分左右对称；部首“刂”的竖写成口朝左“U”形收笔下挫拉长至底，竖钩置于口朝左“U”形下且写成16折似锯齿的纵向曲线。“見”上边的“目”缩短，下边的撇写成6折曲线，竖弯钩写成12折曲线。体形修长挺拔，端庄古朴，线条“蟠曲万状，宛若行龙”，舒畅而超脱。

61. 瀛洲人物　海国（國）世家

图3-246，石门簪文字是毛笔书写的篆体，“瀛”部首“氵”写成两点和一短竖。“洲”是典型的篆书写法，部首“氵”写成一条

图3-246　湘桥区英聚巷

微弧线，左上侧一水滴形笔画，右上侧连着一条一折曲线，左下侧连着短横左下挫曲线，右下侧一条微弧线；右结构“州”写成三组一条弧线，中部和末端连着另一条弧线的顶端和中部。“人”在捺多写了三横。“物”部首“牜”的撇不写，横左端上翘，竖起笔右折，提写成横两端下折；右结构“勿”的撇和横折钩连成一笔，写成3折曲线。“海”部首“氵”写法与“瀛”的部首相同；右结构的“每”写法受篆刻技法的影响，上边写成朝上的弧线连着短竖，“母”写成水滴形里面“X”形，其下露出水滴。“國”的结构明显受印章的影响，显得较为规整；里面“戈”的点写成横置于上方，斜钩写成3折曲线，撇写成横连着斜钩。“世”的小篆写法味道较浓，写成“十”字形下边两条3折曲线相接。“家”写法受金文影响的成分较大，部首“宀”上边的点省略，点和横钩连成一笔，写成横两端下挫拉长抵底；下边写成左侧似“元”字形，右侧“彐”形横折的折拉长并在拉长处连着一条一折曲线。文字先书写，然后作适当的修改；笔意苍古浑朴，布局尽得印玺平稳端方、庄重雅致之精髓，让后人在只字片言的线条中读得前辈的心音，领略到文人墨客的苦心造诣。

方形文字石门簪大不盈尺，可气象万千，从中可以看到，这些石门簪的文字或壮硕浑厚，或平和雅致，或粗犷遒劲，或精巧细腻，或深沉顿挫，或舒展流畅，林林总总不一而足。总能给人以美的艺术享受，让人久久不能忘怀。

石门簪以文字为图案装饰明显是受传统文化的影响，具体说印章和瓦当对其影响最大，而在清初，圆形制石门簪或外方内圆形制石门簪从花卉等图案转化为文字图案，更可以看出是历代瓦当的再版，或许可以推断一下，第一位设计文字为图案的作者其灵感就是来自汉瓦当。下面可列举三例瓦当为证（图3-247、3-248、3-249）。

清初，民居在方圆式形制中采用了补白法，方中圆的四个角空白处填补了图案纹饰，而祠堂石门簪尚未发现此种现象。石门簪大都有

图3-247　汉代　“千秋万岁”瓦当

图3-248　汉代　“长乐未央”瓦当

图3-249　唐代　“永寿无疆”瓦当

一阳线方框，线条较粗，大多1厘米至2厘米。还可以看到，石门簪很注重布局，几乎类同印章，一样也作结构移位屈伸，笔画增损有法，松紧有致，字体大都布满方框，较少留有空白处。总而言之，石门簪文字给人的整体感觉是精雕细刻，协调稳健，典雅隽美。

下面再举三例印章（图3-250、3-251、3-252），可对比方形文字石门簪和它的异同之处。

图3-250　先秦　右庶长之玺

图3-251　西汉　楚侯之印

图3-252　林则徐-河东节帅江左中丞（杨澥刻）

从所举三例印章可以看到方形文字石门簪传承的痕迹，同时也有明显的不同之处。印章可有边框也可没有，方形文字石门簪都有边框；印章结构不是一定要对称，可以看似散乱或偏倚一侧，方形文字石门簪却追求均衡中庸；印章布局疏密互见，而方形文字石门簪大多密不透风；印章笔画线条雕刻可阳线也可阴线，而方形文字石门簪只有阳线；印章线条可作粗细、轻重刻画，而方形文字石门簪的笔画线条大多不作轻重粗细处理。

（六）方形文字石门簪单字集合示例

方形文字石门簪的同一个字在不同的设计者手中或在不同的石门簪中千变万化，有的相去甚远，有的相差细微，下面从方形文字石门簪中选出出现频率较高的单字“丁、财、礼、诗”四字集中展示，让读者更加清晰地了解石门簪文字的结构、布局及笔画的处理等，从而能更赞叹设计者高超的技艺，感受汉字的美妙和中华文化的魅力。

1. 丁

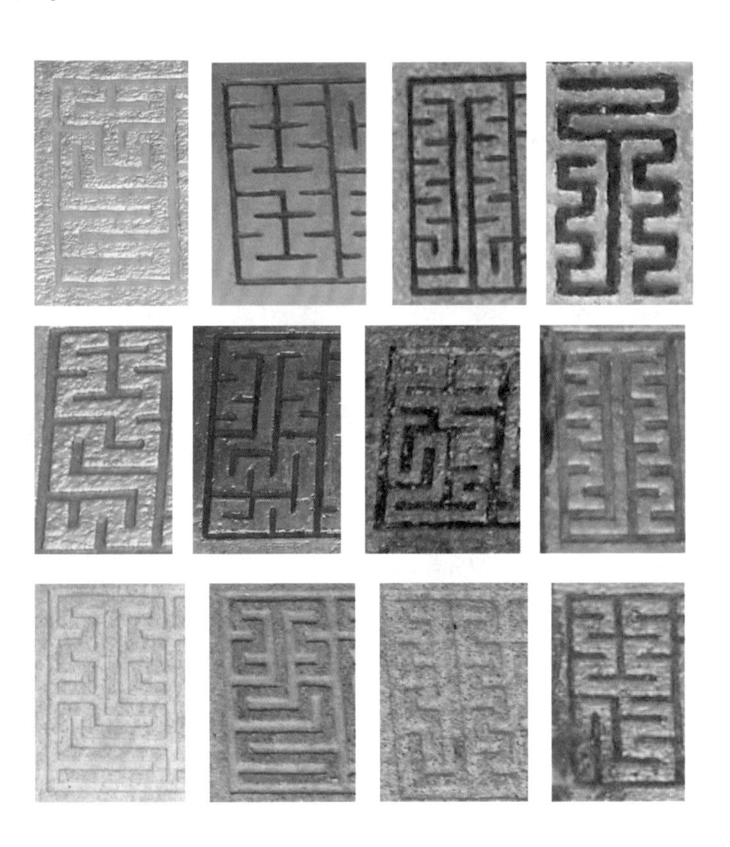

2. 财

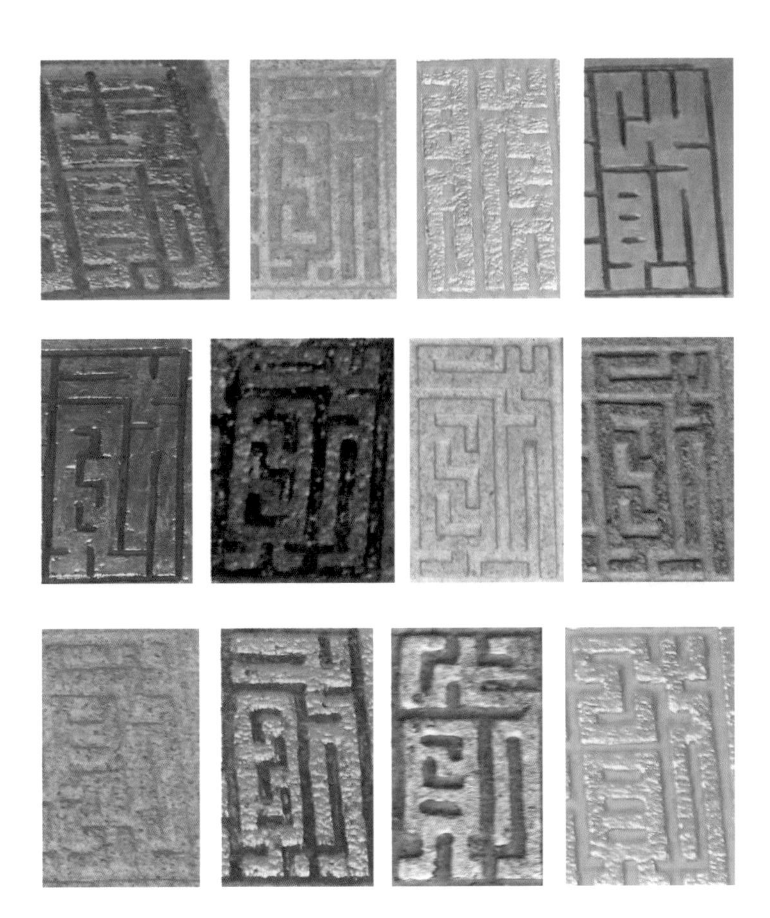

3. 礼

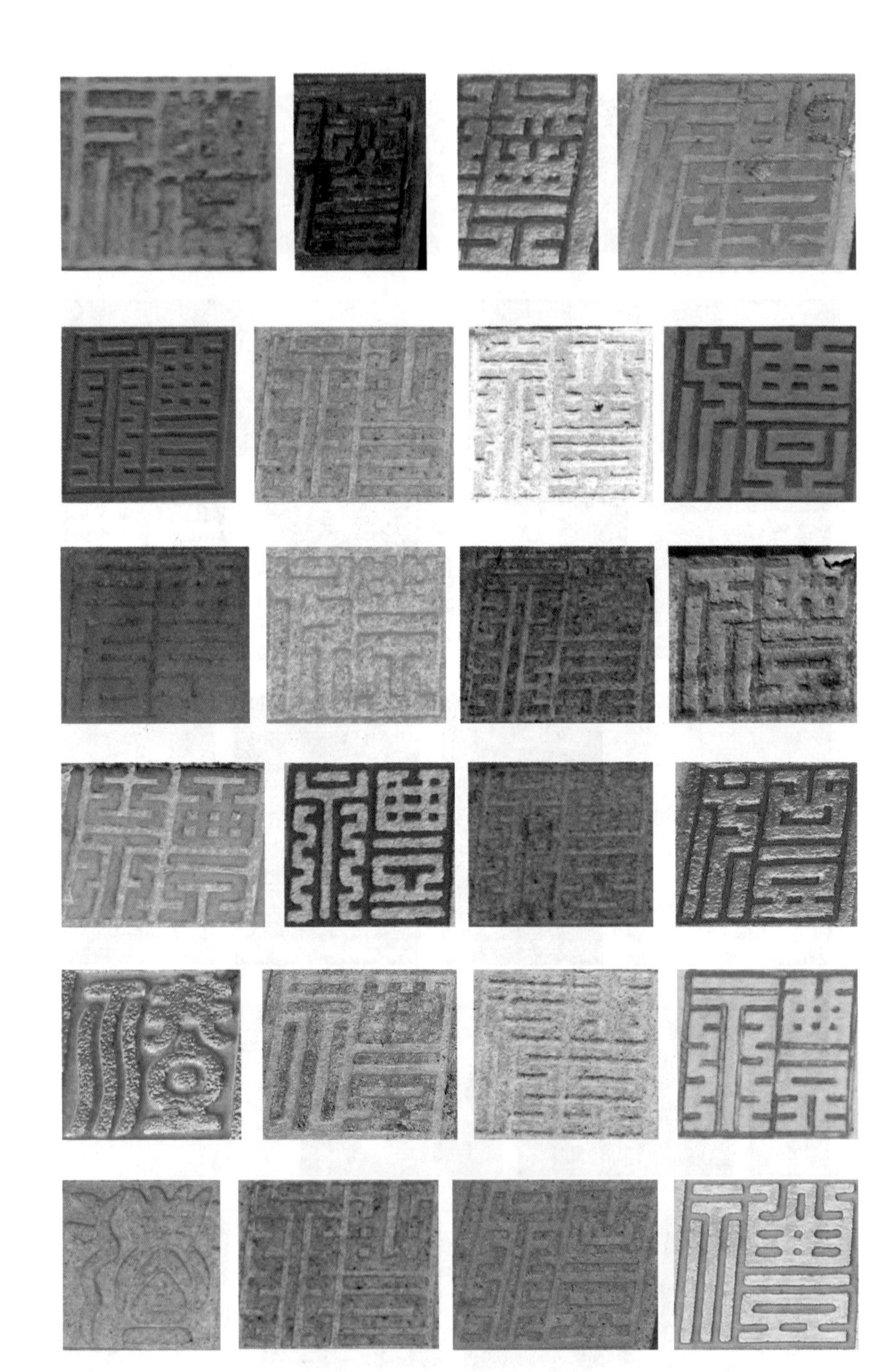

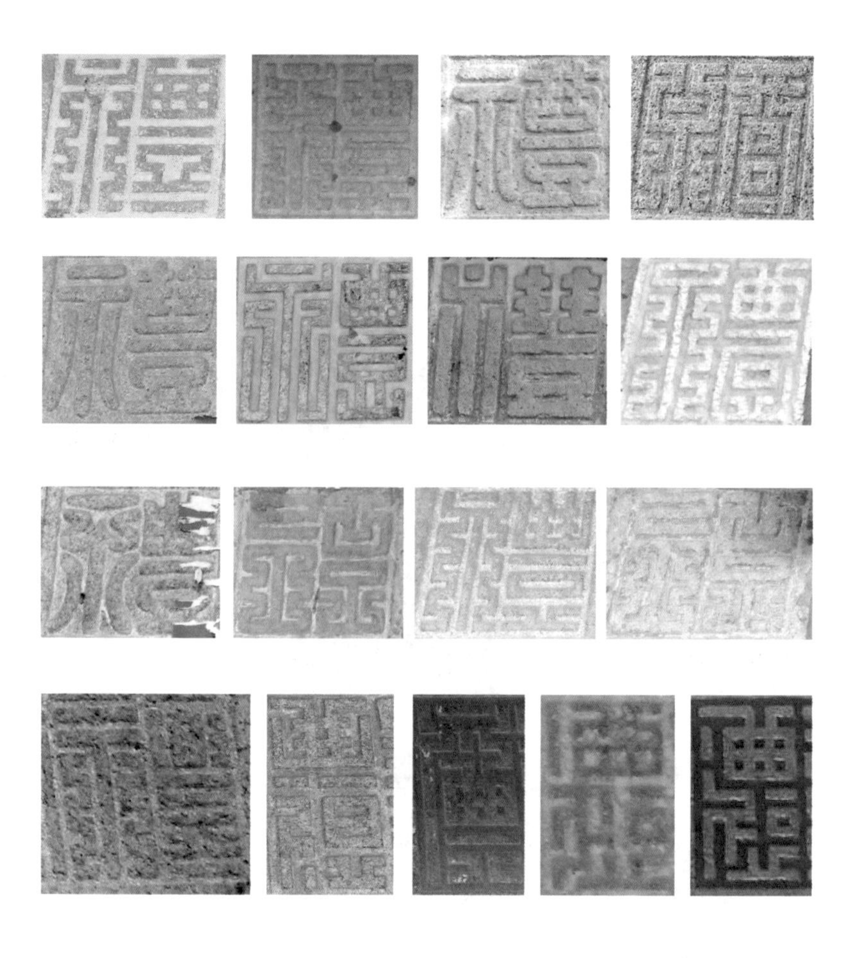

4. 诗

从所举的四个单字中，不难看出前文所提及的几个特点：

第一，字的结构发生变化（多把左右结构变体为上下结构或半包围结构，构件增大或缩小）；

第二，注意字的结构均衡（或与他字的均衡）；

第三，千方百计把空间填满（主要通过线条延伸和曲折完成）；

第四，笔画增加或减少。

CHAPTER 4

第四章 余论

潮州方形文字石门簪能够形成具有潮州特色的民俗文化上文已作了阐述，在这里再着重提一下，这同时与清初潮州群体艺术形成自己的风格不无关系。如清初潮州金漆木雕处于全盛期，形成自己的特色，到了清康熙年间，其手法多样，造型优美，技法精练，已臻炉火纯青境界。方形文字石门簪与其构图饱满的模式相同。再如，始于明代的潮剧入清后更加成熟。潮剧从明代的潮腔、潮调发展而来，至清乾隆中期是定型的前期。方形文字石门簪在此之前不久也逐渐定型。

一　粤东地区都流行方形文字石门簪

方形文字石门簪的流行范围比较广，这里只是举潮州为例，同属现潮州市行政区的饶平县更是与上文所列举的一模一样。从下图4-1至图4-3可见：

图4-1　饶平县柘林镇柘北村

图4-2　饶平县钱东镇麻竹坑村

图4-3　饶平县所城镇所城社区

方形文字石门簪不仅仅只出现在潮州市的行政区域里面，在粤东地区的潮汕地域也是十分普遍的现象，如图4-4至图4-6。

图4-4至图4-6所举的石门簪跟潮州的几乎同出一辙，从调查所获的资料看的确都是这样的，因此可以说，了解了潮州明清石门簪就能大致了解粤东潮汕地区的明清石门簪了。

图4-4　汕头市潮阳区

图4-5　揭阳市普宁市果陇村

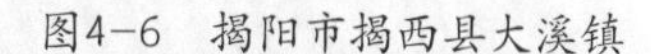

图4-6　揭阳市揭西县大溪镇

二 方形文字石门簪的辐射区域

方形文字石门簪在潮汕地区流行广泛，当然也不仅仅是在如今的粤东地区潮汕三市，更远一些的梅州市和福建省的部分地区也都有采用潮州方形文字石门簪的，今天仍能够很容易看到，足见盛行甚广。如下图4-7至图4-9所示。

到了宋代，潮州的经济、文化已相当发达，成了毗邻地区的中心，向广东的循州、梅州等地辐射，也影响着紧靠潮州的闽南、赣南。清代潮州文化已显露出自己的特色，并渐成体系，这些具有潮州特色的文化更进一步得到这些地方的认可和效仿，如潮剧就流行于与潮州语言、民俗相通的福建云霄、诏安、和平等县，至今仍回荡不息。

这些地区使用方形文字石门簪的原因有不少，比较直接的有如下五个方面：第一，曾属于同一行政区域；第二，区域毗邻或相近；第

图4-7 梅州市大埔县百侯镇侯南村

图4-8 梅州市丰顺县汤南镇

图4-9 福建省漳州市诏安县深桥镇考湖村

三，文化中有不少相同或相近的元素；第四，经济交流较为频繁；第五，潮人迁徙，把方形文字石门簪带到当地。

三 中西结合建筑仍忘不了方形文字石门簪

晚清时，不少潮人在东南亚业有所成，于是他们纷纷回到故里建造屋宇；其建造基本上还是按照传统的形制来营造的，也有采用西式的建筑风格的，有的人还采用了从南洋引入的西式纹样、罗马柱、各种颜色的玻璃窗等装饰，但石门框大致还是保留了方形文字石门簪。这种“中学为体，西学为用”的文化思潮在这时候的民居建筑上有非常突出的表现，如图4-10至图4-12。

图4-10是晚清的民居建筑，整个门楼的建筑连同石门斗上的石门簪都是传统的潮州建筑模式，门楼肚的装饰却采用舶来品的瓷砖，现

图4-10 潮安区庵埠镇官里村

图4-11　潮安区彩塘镇水美村　图4-12　湘桥区太平路

在看起来并没有觉得怎样，可在当时也应该是标新立异的。

图4-11也是晚清民居建筑。水美村村民在清咸丰年间遭受兵灾和水灾后，不少人逃到南洋谋生，事业有成后，很多村民回故乡建造房屋，购置产业，这时候建造的建筑不少带有南洋的气息，图4-11是二层楼且里面的建筑格局与潮州的传统建筑有所不同，可门楼还是潮州风格，石门斗上保留了一对石门簪。

图4-12为潮州市区民居的门楼。1926年，军阀洪兆麟在潮州开辟马路，该门楼在原址上往后移动了约两米，成现状况。门楼具有明显的西洋装饰风格，可仍然采用带有方形文字石门簪的潮式石门斗。

四　方形文字石门簪在现当代仍继续使用

清代方形文字石门簪形制在现当代潮州的祠堂和民宅中仍继续沿用，特别是在广大乡村尤为突出，如图4-13至图4-15所示。

清代方形文字石门簪对现当代仍产生着深刻的影响，从清初至今近400年，方形文字石门簪仍然被潮人所接受并继续使用，这也是民俗事象的传承性、保守性的最佳说明。为此再举一例稍作分析（图4-16）。

图4-13　潮安区浮洋镇东边村（1930年）

图4-14　潮安区庵埠镇文里村（1946年）

图4-15　潮安区浮洋镇潘吴村（2007年）

图4-16是荒废了的智勇高等小学校的门面，学校位于潮安区凤塘镇新乡村淇园，由潮人郑智勇所建。郑智勇（1851—1937）在泰国出生，原籍潮安区凤塘镇淇园乡，乳名义丰，族名礼裕，“智勇”这个名字是孙中山1908年为他所起，郑智勇为洪门会党里的二哥（首领），又称二哥丰。郑智勇出资赞助孙中山进行革命，中华民国成立后继续赞助革命，积极捐资在国内赈灾、在家乡建学校等。智勇高等小学校的门框，制式已明显融入了西洋气息，石门框顶部为石质拱形构件，题“智勇高等小学校”，并饰以西式纹样，颇具现代气息，可门框仍采用传统的潮式形制，保留了两枚方形文字石门簪，其文字为“光前裕后”。2019年4月19日，由郑智勇出资建成的海筹公祠、荣禄第、后楼、智勇高等小学校牌坊、智勇高等小学校旧址及仁美里牌

图4-16　潮安区凤塘镇新乡村（1917年）

坊等6处建筑群被广东省人民政府公布为广东省文物保护单位。智勇高等小学校是融合了中西方建筑风格的现代建筑，其石门框保留了清代潮州方形文字石门簪的形制，从这里可以看出传统文化对现代的影响。

清代石门簪的文字向族人、后人，也向世人明确地宣示了价值观，这种价值观、期望值与社会的价值观、传统观念基本是一致的，整个社会正是融合在这么一个个家族的期望、追求所构成的社会价值观——儒家的道德观念之中。因而说，不同内容的文字石门簪都具有一定的社会化，这种社会化其实也是个体逐渐习俗化的结果，由此证明个体与社会化之间的关系是能动的、相互影响的。不同的经济基础、政治环境、文化水平会产生不同的表达方式，这一个个的不同就构成了一个庞大的整体，形成某一框架下的大同社会化。石门簪上的文字站在整个宗族或家庭高度表达了有血缘关系的人群的共同理想，这些文字是整个宗族或家庭的共同愿望，而每一位成员都有责任去遵从，去实践。这从某一方面也可以看出个体和社会的相互关系，这时联结人群的不是经济的绳子，也不只是政治的纽带，而是浓浓的血缘。这种反映血缘关系的石门簪文字，反映了宗族或家庭的要求，它在氏族文化中十分重要，它在让宗族成员或家庭成员最紧密、持久地联结在一起中发挥了很大的社会作用。这是人类学家研究社会结构的一个好案例。

参考文献

1. 〔美〕F.普洛格、D.G.贝茨：《文化演进与人类行为》，吴爱明、邓勇译，辽宁人民出版社1988年版。

2. 〔英〕雷蒙德·弗思：《人文类型》，费孝通译，商务印书馆1991年版。

3. 仲富兰：《中国民俗文化学导论》，浙江人民出版社1998年版。

4. 吴裕成：《中国的门文化》，天津人民出版社1998年版。

5. 陈传佳：《潮学谭稿》，中国文联出版社1999年版。

6. 陈传佳：《庵埠明清石门簪》，《汕头大学学报》2003第S1期。

7. 〔美〕Elliot Aronson、Timothy D.Wilson、Robin M. Akert：《社会心理学》（第五版·中文第二版），侯玉波等译，中国轻工业出版社2005年版。

后记

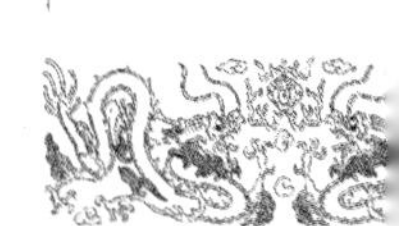

上世纪末某一天，一位熟人拿了一张石门斗的相片问我上边两个像印章的文字图案是什么，我看了半天也看不出个所以然来，过后跟几个同事端详了一段时间才看出个子丑寅卯来。这件事对我的触动很大。自此我特别留意石门上边的这对印章式图案，知道这就是“门当户对”中的门当，也称门簪；同时开始就近收集这方面的资料。随着调查的深入，我更萌发了写一本书的念头。奈何公务缠身，精力及时间都不能较好地投放在书的写作上。

2003年我就手中掌握的材料写了论文《庵埠明清石门簪》发表在《汕头大学学报》上，论文获得了学界同人的肯定，这给了我很大的鼓舞。2017年我受邀参加第二届广东祠堂文化研讨会并在会上作了《潮安清代祠堂石门簪》的主题报告，报告也被收入研讨会的论文选编。近年条件允许了，书的写作进入了快车道，特别是陈海泓和沈志辉两位青年的加入，不仅仅在调查搜集材料方面，更是在视觉艺术、大众鉴赏方面发挥了年轻人的专业特长，使本书更臻完善。当然，尽管笔者已尽可能详尽地提供了潮州各地民间建筑的石门簪样式，且作了分析及论断，但由于个人能力及其他条件的限制，尚存在不少缺漏和错误，敬请广大读者及同人批评指正。

值本书出版之际，感谢帮助搜集材料的同事，感谢所有关心、支持和帮助此书写作出版的各界人士，感恩！

潮州明清石门簪是潮州文化的一个重要组成部分，笔者期待本书的出版能起抛砖引玉的作用，愿更多有关潮州文化的书籍面世，让潮州文化为更多的国人所认识和认可，愿中华优秀传统文化更加发扬光大！

陈传佳

2022年5月30日